圖解
捍衛戰士

美國頂尖飛行員的誕生地

Brad Elward
布列・愛爾華

艾榮——譯

TOPGUN
THE US NAVY FIGHTER
WEAPONS SCHOOL

FIFTY YEARS OF EXCELLENCE ★ ★ ★ ★ ★

國家圖書館出版品預行編目(CIP)資料

圖解捍衛戰士：美國頂尖飛行員的誕生地/布列.愛爾華（Brad Elward）著；邱弘毅譯. -- 初版. -- 新北市：遠足文化事業股份有限公司燎原出版, 2021.06
144面；23.5×23.5公分
譯自：TOPGUN：the US navy fighter weapons school: fifty years of excellence
ISBN 978-986-06297-3-6(精裝)

1.美國海軍戰鬥機武器學校　2.空戰史　3.海軍

592.919　　　　　　　　　　　　　　　　　110009642

圖解捍衛戰士：美國頂尖飛行員的誕生地
TOPGUN: The US Navy Fighter Weapons School: Fifty Years of Excellence

作者：布列‧愛爾華（Brad Elward）
譯者：艾榮
主編：區肇威（查理）
封面設計：薛偉成
內頁排版：宸遠彩藝
Designed by Justin Watkinson
Technical Layout by Jack Chappell
Type set in Impact/Minion Pro/Univers LT Std

社長：郭重興
發行人兼出版總監：曾大福
出版發行：燎原出版／遠足文化事業股份有限公司
地址：新北市新店區民權路108-2號9樓
電話：02-22181417
傳真：02-86671065
客服專線：0800-221029
信箱：sparkspub@gmail.com　讀者服務
法律顧問：華洋法律事務所／蘇文生律師
印刷：凱林彩印股份有限公司

出版：2021年6月／初版一刷
定價：600元

ISBN 9789860629736（精裝）
　　　9789860629743（EPUB）
　　　9789860629750（PDF）

TOPGUN: The US Navy Fighter Weapons School: Fifty Years of Excellence by Brad Elward
Copyright © 2020 by Brad Elward
Original edition published by Schiffer Publishing in 2020.
Complex Chinese translation copyright © 2021
by Sparks Publishing, a branch of Walkers Cultural Co., Ltd.
ALL RIGHTS RESERVED

謝誌

本書的資訊是源自與前TOPGUN教官、結業訓員、指揮官的採訪，以及從TOPGUN和其他檔案來源所獲得的文件之閱覽。我有太多需要感謝的對象，總體而言，我很感謝他們每個人的貢獻與協助。他們的貢獻將於後續載明。

我要特別感謝幾位為本書提供照片的人士：Dave Baranek、波音公司、Fotodynamics的Ted Carlson、John Chesire、美國國防部、Doug Denneny、Tom Finta、Norman Franks、Hill Goodspeed、Mike Grove、Jamie Hunter、美國國會圖書館、Rick Llinares、Alexander Mladenov、美國國家檔案館、美國國家海軍航空博物館（Naval Aviation Museum, NAM）、美國海軍航空新聞（Naval Aviation News）、美國海軍歷史中心（Naval Historical Center）、美國海軍歷史與遺產司令部（Naval Historical and Heritage Command）、Peter Mersky、Paul Nickell、諾斯洛普‧格魯門公司（Northrop Grumman）、Neil Pearson、Jose Ramos、Bill Shemley、尾鉤協會（Tailhook Association）、Tom Twomey、美國海軍、Aaron Vernallis、Gary Verver。

有關TOPGUN各方面的詳細內容，請參閱以下作品：

Auten, Donald E. *Roger Ball! The Odyssey of John Monroe "Hawk" Smith, Navy Fighter Pilot.* New York: iUniverse, 2006.

Baranek, Dave. *Topgun Days: Dogfighting, Cheating Death, and Hollywood Glory as One of America's Best Fighter Jocks.* New York: Skyhorse, 2012.

"50 Years of TOPGUN," *Proceedings.* Naval Institute Press, September 2019.

Hall, George. *Top Gun: The Navy's Fighter Weapons School.* Novato, CA: Presidio, 1987.

O'Connor, Michael. *MiG Killers of Yankee Station.* Friendship, WI: New Past, 2003.

Pedersen, Dan. *Topgun: An American Story.* New York: Hatchette Books, 2019.

Wilcox, Robert F. *Scream of Eagles: The Dramatic Account of the US Navy's Top Gun Fighter Pilots and How They Took Back the Skies over Vietnam.* Annapolis, MD: Naval Institute Press, 1986.

作者欲感謝尾鉤協會及*Combat Aircraft*雜誌。該雜誌刊登了作者有關TOPGUN的文章，作者從中摘錄了一些篇幅作為本書的內容。

目錄

TOPGUN——或稱「美國海軍戰鬥機武器學校」（US Navy Fighter Weapons School, NFWS）——的由來是個極為複雜的故事，很難以簡短的篇幅交代清楚。然而，作者試圖以本書講述一個扼要的版本，重點說明過去五十年最重要的發展歷程。本書也佐以豐富精彩的圖片，重點介紹一些TOPGUN、海軍假想敵中隊所使用過的軍機。

美國海軍戰鬥機武器學校的故事始於1968年的秋天，其成立是出於形勢所需。當時，美國的空勤人員不斷地在東南亞戰場上空戰死。即便是配備超音速、革命性的空對空飛彈、強大雷達的新型F-4幽靈II式戰鬥機，也無法主宰那個時候的空對空作戰。事實上，面對由訓練素質較差的飛行員所駕駛的舊式、較不精密的蘇製MiG-17與MiG-21戰鬥機，幽靈式戰鬥機的機組人員依然無法維持2‧5：1的擊落率。從歷史上來看，美國海軍在第二次世界大戰中還可以取得比這個還高的擊落率，甚至達到14：1。

美國海軍一群經過挑選組成研究小組的飛行員與雷達攔截官（radar intercept officers, RIO），設法針對上述的缺陷尋求解決方案。當時他們依據《奧爾特報告》（Ault Report）的願景，在海軍少校丹彼特森（Dan Pedersen）的領導下，研究並成立了全新的「訓練學校」，意圖教導進階的空對空作戰戰術。TOPGUN的第一屆班隊於1969年3月3日開課，時至今日已經培訓超過4,400名飛行員。透過持續的改進與超前的洞見，即使是面對新興的威脅與不斷進化的科技，TOPGUN在歷經了50多年的發展後，依然經得起時代的考驗。

第一章
空中纏鬥作戰簡史

早期的戰鬥機採用前裝式機槍，因此被稱為推進式飛機。圖為皇家飛機製造廠（Royal Aircraft Factory）的F.E.8飛機，是一架1916年推出的單座偵察機。
UK government

為了能更好地了解TOPGUN的起源，首先有必要了解其創立的淵源。根據歷史所顯示，以及促成TOPGUN成立的部分原因是一種反覆循環的模式——學習戰術，忘掉了這些戰術，爾後又在新的戰爭中損失寶貴的生命與資源之後，再重新學習同樣的戰術。這種「學習、忘掉再學習」的循環於二十世紀中一再地出現，並且是TOPGUN在創立五十年之後的今天，依然持續在對抗的現象。

空戰的黎明期

當第一次世界大戰於1914年爆發時，軍用飛機尚處在起步階段。義大利與美國等國曾針對飛機進行軍事運用上的實驗，但這也只是極少數的單一個案。義大利早在1911年秋天爆發的義大利—土耳其戰爭中，曾經利用飛機執行空中偵察任務，還從飛機上投下手榴彈。而保加利亞於1912至1913年的第一次巴爾幹戰爭中，也執行過類似的行動。另一方面，墨西哥革命期間，美國曾派遣飛機監視墨西哥部隊的動向。即便如此，直到1914年之前，幾乎無人能預見到飛機會在戰爭中扮演舉足輕重的角色。當時只有法國空軍擁有武裝化的航空部門體系。

第一次世界大戰初期，飛機被用作觀察與偵察平台，以刺探敵方部隊動向、提供攝影偵察、砲擊觀測、協助友軍的調度（或稱為連絡斥候）。這些空中偵察員證明了自己的價值。英國於一戰的第一次馬恩河戰役（1914年9月）期間，經由空中偵察中取得了極大的優勢；而德國在東部前線的坦能堡戰役（1914年8月）中，也受益於空中偵察。有鑑於空中觀測的成功，採取相關措施來防止敵機在前線刺探軍情，成為眼前必要的手段。

很明顯地，那就是要設計一架可以擊落敵方偵察機的飛機。儘管1914年秋天時，飛機之間曾以輕型武器進行過多次的交火，但真正的戰鬥機要到1915年才問世，其中裝備有機槍的早期戰鬥機設計就是在1915年2月推出的。這些飛機被稱為推進式飛機（pusher），其引擎與螺旋槳安裝在飛行員身後，面向飛機後方，從而為機槍前方提供了無障礙的射擊線。不久之後，配備了同步機槍的特製飛機——最初稱為偵察機（scout）——投入戰場，旨在擊落敵方的偵察機，並保護己方的觀測機免受敵軍武裝化飛機的攻擊。從這一刻起，雙方為主宰空中的戰場而來回交戰，這一概念亦被稱為制空權（air superiority）。

戰鬥機的問世意味著各方必須制定空中戰術。儘管英國有著名的戰術家，但取得40場空戰勝利的德國飛行員奧斯華·波爾克（Oswald Boelcke）才是空戰戰術之父。波爾克是第一個將自己的戰鬥經驗記錄下來的人，他的戰鬥機戰術手冊——《波爾克戰術守則》（*Dicta Boelcke*）——被分發到全德國的戰鬥機中隊。波爾克進一步建議成立專門的武器學校（最後由德國空軍創立）來教授戰鬥機空戰戰術。

戰鬥機與戰術的迅速進化，是第一次世界大戰期間的主要發展之一。當其他的空中任務——近距離空中支援、戰略轟炸與戰場阻絕——應運而生時，取得制空權毫無疑問將對其他任務的達成變得至關重要。一位作者針對這點做了很好的總結：「在第一次世界大戰中，決定空中作戰成敗的關鍵因素是戰鬥機能否取得

Dr.1，或稱為福克三翼戰鬥機，在1918年春季大量投入戰場，並且是曼佛雷‧馮‧厲秋芬（Manfred von Richthofen，外號紅男爵）贏得人生最後19次擊墜記錄所駕駛的戰機。

早期的美國志願飛行員在1916至1917年間，於所屬的拉法葉中隊，駕駛法國設計的紐波特11戰鬥機（Nieuport 11）參戰。

National Archives

制空權。若沒有能夠驅逐敵機的戰鬥機支援，那麼阻絕、偵察與近距離空中支援行動必將成為自殺任務。」要在空戰中獲勝，就必須控制空中的戰場。

兩次大戰之間

不幸的是，在兩次世界大戰之間的那段時期，一戰時所累積下來的空戰教訓，都被多數的參戰者給淡忘了。美國與英國皆奉行戰略轟炸理論，戰鬥機則轉為擔任輔助性的短程防禦或攔截的角色。基於預算與戰術上的考量，導致人們集中到研發改良型轟炸機的這一邊，而戰鬥機科技或相關戰術的發展卻甚少受到關注。隨著波音的B-18轟炸機等新型飛機的問世，「轟炸機無論如何都能穿透戰場」成了當時普遍的想法。一些戰術家，例如陳納德（Claire Chennault，以領導中華民國空軍美籍支援大隊〔綽號飛虎隊〕而聞名）曾呼籲應多關注驅逐機或戰鬥機的科技發展，但他們的聲音皆被陸軍航空隊的領導層所掩蓋。重型轟炸機非常

奧斯華‧波爾克被視為戰鬥機戰術之父。他將自己的理論歸納成八個守則，稱之為《波爾克戰術守則》。
Historical Center

第一次世界大戰時，英國排名第四的王牌飛行員，艾爾伯特‧霍爾（Albert Hall），在20歲逝世以前，總共擊落了44架敵機。
Historical Center

關注自衛能力，因此連帶省去了護衛的戰鬥機。

　　海軍戰鬥機的發展同樣令人感到沮喪。當時，戰艦依然被視為是艦隊的主宰，而戰鬥機則被當作戰艦的輔助角色。海軍戰鬥機的歷史可以追溯到一戰時期，在當時是用於保護艦隊免受敵方偵察機、轟炸機攻擊的短程防禦手段。然而，甚少有人考慮遂行此類任務所需的戰術。與陳納德相同，當年一些海軍飛行員也在嘗試新的戰術。

　　值得讚許的是，與陸軍航空隊相比，一些海軍飛行員為海軍戰鬥機做了更多踏入第二次世界大戰的準備。早在1920年代初期，海軍飛行員就在前置射擊（deflection shooting）上接受了嚴格的訓練──學習如何追瞄目標，使得他們在空戰中具備相當有效率的戰鬥力。接受過前置射擊訓練的飛行員，在戰術掌握上更為全面，因為他們幾乎可以從任何角度──甚至是全方位──進攻，並且有一定的機率擊中目標。儘管大日本帝國海軍也使用前置射擊，但他們並未教授全方位前置射擊。相較之下，美國陸軍航空隊、英國皇家空軍、德國空軍及蘇聯空軍，皆採用以最小偏差角度的後方及迎面攻擊，作為主要的攻擊手段。

　　1926年見證到海軍航空隊缺乏像樣的戰術之後，美國海軍建立了「密集課程班」，讓飛行員可以「在空中針對現際的問題進行測試，以此找出有依據的解答」，例如「應該以什麼方式爭奪制空權，並且要控制空中戰場到何種程度？」隨著戰爭腳步的臨近，一些有遠見的海軍飛行員，如約翰・薩奇（John Thach）、愛德華・「布奇」・奧黑爾（Edward "Butch" O'Hare）及詹姆斯・佛萊利（James Flatley）迅速研究了來自歐洲、遠東地區的空戰報告，並制定了戰勝日本三菱零式艦上戰鬥機（A6M）的戰術，其中包括「薩奇式雙機互掩戰術」（Thach Weave）的橫向掩護戰術，並且把原本的三機編制改成兩架戰鬥機為基礎的作戰編隊。

第二次世界大戰

　　戰鬥機航空技術在二次大戰中有著舉足輕重的的關鍵地位。除了德國之外，各國的戰鬥機飛行員都重新學習當初在一次大戰

福克E單翼戰鬥機（Fokker Eindecker）是德國第一架專用戰鬥機，同時也是第一架使用同步射擊設置的戰鬥機，讓德國人在1915年中到1916年初享有絕對的制空權。這一時期被稱為「福克災難」。

索普威斯（Sopwith）三翼戰鬥機在戰鬥中表現優良，促使德國人研發了福克Dr.I三翼戰鬥機。

期間嘗試、測試但後來被遺忘的戰術。此外，很多國家的空軍高層馬上重新意識到，奪得制空權是各國空軍的首要目標，而一支在最新戰術上訓練有素的戰鬥機部隊，對於能夠掌控制空權是至關重要的。在歐洲，美國陸軍航空軍的戰鬥機中隊已經領悟到本身任務的重要性——與自己保護的轟炸機分開行動，前去迎戰德軍戰鬥機，以便將後者從己方的轟炸路線驅離。美軍也研發了能夠飛抵柏林的遠程、高性能戰鬥機，例如P-47雷霆式與P-51野馬式。在太平洋戰區，F6F地獄貓式戰鬥機與具備優異迴旋能力的零式艦上戰鬥機纏鬥時，發揮了它們在大馬力輸出上的優勢，而陸軍航空軍的P-38閃電式戰鬥機則運用它們高空俯衝攻擊的優勢。地獄貓式的駕駛員最終以19：1的總擊落率，其中13：1的零式艦上戰鬥機擊落率結束了戰爭。在歐洲與太平洋兩大戰區中，地獄貓式的駕駛員皆逐漸理解他們所開的戰鬥機的優勢，並懂得利用敵方的弱點取勝。

但就像一次大戰過後那樣，二次大戰結束之後，美國的戰鬥機的圈子再次投身於鑽研新技術與理論探索，以從中尋求更多的解答，卻再次摒棄了許多在上一次戰爭中已習得的教訓。隨著高速噴射式飛機的問世，許多人再次臆測空中纏鬥已經成為過去。裝載了原子彈的轟炸機，將成為人們最懼怕的武器。美國海軍與新成立的美國空軍對此的回應，則是著重於發展遠程攔截機，以在蘇聯的轟炸機抵達美國或航空母艦特遣艦隊之前將其擊落。空中纏鬥技術的訓練在很大程度上已被放棄，那些駕駛技術高超的飛行員也重返平民生活。當時並未有系統性地去汲取從戰爭中習得的教訓，更遑論保留飛行員們在戰時所累積下來的各種個人戰鬥技術。

韓戰

在1950年至1953年的韓戰，戰略轟炸只發揮很有限的效果，而原子武器卻從未派上用場。很快，海軍的F9F黑豹式戰鬥機與

1918年問世的福克D-VII戰鬥機，是性能極佳的戰型。與其他同時代的戰鬥機不同，它可以俯衝而不必擔心解體的問題。福克D-VII戰鬥機具有很高的機動性，很快的爬升速度且不容易失速。 *Library of Congress*

在兩次世界大戰之間，很多人認為有強大防禦能力的轟炸機——例如波音公司的B-17空中堡壘轟炸機——並不需要戰鬥機的護航。 *National Archives*

美國空軍的F-86軍刀式戰鬥機，就在朝鮮半島西北部的「米格走廊」，與中國解放軍的蘇聯製MiG-15戰鬥機交戰。美國的飛行員重新學習了自二戰以來失傳的空中纏鬥技術，且幸運地獲得大量二戰退伍軍人的協助。他們迅速將以前的戰技運用到新型的噴射飛機上，使美國空軍對米格戰鬥機達到了9：1的擊落率。戰鬥機飛行員找回了過去在戰場上發展出來的戰術，並將其改進之後運用在高速空戰上。

總體上來說，海軍戰鬥機在針對北韓的空戰中，只扮演了很小一部分的角色。儘管海軍在1950年7月3日創下韓戰的第一個空對空擊殺，並於同年11月9日達成第一個戰機對戰機的擊殺，但大部分的空戰行動，還是由駐在南韓北部基地的美國空軍F-86軍刀式戰鬥機部隊負責。部分原因是由於美國航空母艦部隊的地理位置，位於朝鮮半島南部海岸附近（離「米格走廊」甚遠），但更主要的是因為海軍的主力戰鬥機——F9F黑豹式——在性能上遠遜於MiG-15。空軍的F-86軍刀式面對敏捷的米格戰鬥機，創下了驚人的9：1擊落率，在擊落792架米格戰鬥機的同時，只損失了78架F-86。反觀海軍的黑豹式只擊落了5架MiG-15，己方卻損失了2架戰鬥機。

即便獲得了如此大規模的成功，卻鮮少有文獻記載針對米格戰鬥機那些有效或無效的戰術。大多數的海軍戰鬥機戰術，是在個別中隊或航空聯隊的層級上制定出來的。針對來自各航空母艦、航空聯隊的行動報告之審查發現，此類資訊各部隊之間甚少有做分享。菲律賓海號航空母艦（USS Philippine Sea, CV-47）上的第11艦載機大隊（Carrier Air Group Eleven, CAG-11），是其中為數不多，會制定包含所有可行性戰術之綜合性指南供飛行員參考的海軍航空大隊之一。即便是如此，人們還是不清楚該參考指南是否於部隊之間廣為流傳。

韓戰後的發展

儘管在韓戰中有了大量與米格戰鬥機之交戰經驗，美軍在戰後並未嘗試發展出標準化的方法來為飛行員進行空中纏鬥戰術的訓練；或從經驗豐富的飛行員身上，將相關經驗傳承下去。在大多數的中隊，有關戰術的學習是透過反覆的嘗試與失敗而傳承下去的。退休海軍上校鮑勃·拉斯穆森（Bob Rasmussen）曾於1950年代，在海軍的第51戰鬥機中隊（VF-51）駕駛F9F戰鬥機，爾後又在越南駕駛F-8十字軍式戰鬥機，他回憶道：「當時並沒有什麼

針對如何與敵方戰鬥機交戰的所謂正規訓練。掌管各個戰鬥機中隊的人們，大部分都是海軍航空圈內，於戰爭年代成長起來的二戰老兵。」

拉斯穆森的隊上「有幾個王牌」，其中之一便是海軍的地獄貓式王牌飛行員，亞歷山大·維拉修（Alexander Vraciu），他總共擊落了19架日本戰鬥機。「我們很幸運可以從他們身上學習。」然而，拉斯穆森指出，他們沒有經過正規的訓練，「我認為從那個時期到越戰初期的經驗，即可明顯地看出，我們並未找出最佳的方法來運用我們所駕駛的那些戰鬥機。」1950年代的訓練「幾乎都是臨時隨興的方式上陣」。「你的小隊長或分隊隊長會跟你說，『飛上去，我做什麼你就跟著做什麼，跟緊著我。』每天最重要的課目，通常是在一個偏遠區域的上空飛行，在沒有任何事先任務簡報或事後歸詢，或任何正規訓練規章的情況下，去與其他中隊的戰鬥機展開廝殺。」這種訓練方法，「很可能讓我們失去更多本來可以累積的經驗。」

艦隊航空射擊小組進階訓練

美國海軍於1952年5月在艾森特羅海軍航空站（Naval Air Station El Centro），成立了「艦隊航空射擊小組—太平洋艦隊」（Fleet Air Gunnery Unit–Pacific Fleet, FAGU-PAC），其使命是「在個人或單位的層級，『針對艦隊飛行員投射彈藥做各階段的訓練』」。艦隊航空射擊小組的運作模式，與之後TOPGUN從1969年到1995年的運作方式非常相似。各中隊將它們最頂尖的戰鬥機飛行員派往位於沙漠的基地，參加數週的講習與飛行訓練，向他們傳授空戰與武器投射方面的最新技術。事後，每位訓員返回各自的中隊，並成為隊上的訓練官，傳授他們在艦隊航空射擊小組受訓時學到的知識。

FAGU的訓練包含三週的學科與飛行訓練。學科包含有關進攻與防守戰術的講解，炸彈、火箭及低空掃射的武器投射方法及前置射擊理論等。飛行訓練則補強了在學科中討論的課程。教官以大量飛行後歸詢報告，來加強在課堂中所教授的課程，並指點訓員在飛行術科中有待改進的地方。每個班隊的結業訓員都會獲得一枚FAGU臂章——有黑白色靶心的圓形小臂章（參閱23頁）——與證書，以及一些講義讓他們帶回各自的中隊進行教學。培訓計畫以戰鬥機為導向（類似於今天的空軍武器學校〔Air Force Weapons School〕），每個訓練計畫都會有完整的飛行訓練

課綱。

挑選進入FAGU的教官是基於其所屬中隊長的建議，根據個人的駕駛技術與教學能力而來。「當我還在FAGU時，我們強調的是戰術而不是裝備本身。」FAGU的許多教官都曾經去過美國空軍戰鬥武器學校，而他們所教導的大部分戰術，都是直接取自佛德利克‧「靴子」‧培雷斯（Frederick "Boots" Blesse）的著作——空軍所採用、名為《無勇氣即無榮譽》（*No Guts, No Glory*）的一本教學手冊。

艦隊航空射擊小組於1960年解編。

1950年代前後

進入1950年代，飛彈技術的進步預估將終結空中纏鬥的時代。戰鬥機起飛後，可以迅速飛抵其指定任務的位置，向接近的轟炸機發射遠程飛彈，然後返回基地。海軍採用了此一理論，並設計出新一代沒有裝備機槍的戰鬥機與攔截機——麥克唐納公司的F-4幽靈II式戰鬥機。F-4配有4枚由雷達導引的AIM-7麻雀中程飛彈、4枚AIM-9響尾蛇追熱短程飛彈。設計F-4戰機的目的，是為了在蘇聯的遠程轟炸機飛抵美國的航空母艦前將其擊落。美國空軍也採納了F-4戰鬥機，同樣要在空軍擔任類似的角色。

F-4戰鬥機的機組人員（飛行員及雷達攔截官）接受了攔截戰術的訓練。他們通常採用跟蹤隊形：第一架戰鬥機偵測到正在接近中的轟炸機，後由尾隨的F-4進行雷達鎖定後，以麻雀中程飛彈迎擊。空戰戰術（空中纏鬥）的重要性被削減了，甚至在某些單位這些戰術被視為禁忌。1960年代初期的訓練課程內容，只有少部分真正的空中纏鬥技巧被保留了下來。然而，當時的機組人員並沒有被教導如何發揮戰鬥機的最大潛能，或是如何利用對手的弱點。

當時，只有預備役中隊及海軍的F-8戰鬥機部隊，仍保留有空中纏鬥的餘暉，後者甚至恰如其分地自稱為「最後的空戰高手」。沃特公司F-8十字軍式戰鬥機是機動性能極高的超音速日間戰機，是美國海軍在韓戰期間，面對MiG-15戰鬥機的慘淡表現後所研發出來的新一代飛機。它配備了機砲與二到四枚的響尾蛇飛彈。F-8戰鬥機飛行員們非常珍惜自己所扮演的角色，並為了能夠彰顯所屬中隊的榮譽，花費大量的時間在彼此間進行空戰訓練。

正是在這個時候，美國空軍的機組人員與海軍飛行員踏入了越戰戰場。空中纏鬥，或在當時被稱為空戰操作（Air combat maneuvering，或ACM），已被視為是歷史的一環。對美國機組人員來說，這種思維在北越上空的戰場很快就會造成麻煩。美國空軍和海軍再次準備重新找回在過去的戰爭中所學到的經驗。然而，要在這場戰爭中重溫那些教訓，將在人力、物力與國家的尊嚴上付出相當大的代價。

梅塞希密特的Bf 109戰鬥機在西班牙內戰中展現了自己的價值，並在第二次世界大戰初期，為德軍提供了很大的助力。 *National Archives*

日本的零式艦上戰鬥機（三菱A6M）是非常敏捷的戰鬥機，其迴旋性能極佳，但是機身防護薄弱。它在F4F地獄貓戰鬥機問世前，稱霸了太平洋上空的戰場。 *National Archive*

特殊的「雙機互掩」戰術研發出來後，使一個小隊的F4F野貓式戰鬥機得以與零式戰鬥機一較高下。　*US Navy Historical Center*

約翰·薩奇所研發的「薩奇式雙機互掩戰術」是一種戰術編隊動作，由兩架戰鬥機在相交的飛行路徑上穿梭，以誘使敵機集中在其中一架戰機上。一架被鎖定之後，僚機則要穿梭到攻擊追擊者的位置就位。

National Archives

大衛·麥坎貝爾（David McCampbell）是美國海軍在太平洋戰場的頂尖王牌飛行員。他總共擊落了34架日軍戰鬥機，其中有9架是於1944年10月24日（註：雷伊泰灣海戰期間）的單次任務中擊落的。

US Navy Historical Center

F6F地獄貓式戰鬥機於1943年中投入戰場，協助盟軍從日軍手中奪得制空權。
海軍和陸戰隊超過半數的敵機擊墜數是由F6F完成的。

US Navy Historical Center

北美公司P-51野馬式戰鬥機在歐洲戰場後期占了上風，尤其當該機裝備了長程可拋式副油箱之後，得以護送轟炸機深入德國境內。

National Archives

P-38閃電式戰鬥機投入歐洲、地中海及太平洋戰場，當機組人員學會如何利用其速度優勢，把它當作猛攻利器的時候，它成為戰力銳不可當的強大戰鬥機。

National Archives

福克沃爾夫Fw 190是德國戰力極
強的戰鬥機。上圖是一架被捕獲
的Fw 190，由美國海軍在1944年
3月進行測試。這是早期對異機
型空戰訓練（DACT）的嘗試。
下圖為誤降在英國的Fw 190戰鬥
機。

Naval History and Heritage Command

這是中國飛行員駕駛的蘇聯製MiG-15戰鬥機。它提醒了美國的飛行員，即使是在高速噴射機時代，空中纏鬥的戰技並非是過眼雲煙之事。　*National Archives*

一架被俘獲、塗上美軍軍徽的MiG-15，它之後會與F-86軍刀機及F9F黑豹式戰鬥機對戰，以對其進行性能評估。　*NAM*

海軍第111「射日者」戰鬥機中隊（VF-111, Sundowners）的威廉·「比爾」·艾門（William "Bill" Amen）於1950年11月，駕駛F9F黑豹式為海軍擊落第一架米格戰機。 *Grumman*

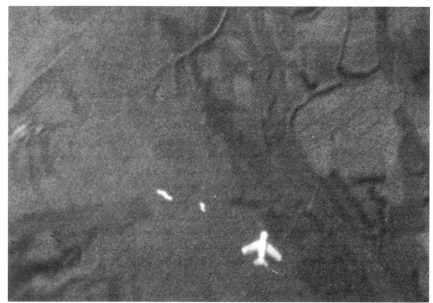

此為艾門擊落米格戰鬥機時的照相槍影片。 *Grumman*

韓戰期間，美國空軍的F-86軍刀戰鬥機在面對由中國、蘇聯飛行員駕駛的MiG-15戰鬥機時，創下超過9：1的擊落率，使得保存空中纏鬥的觀念得以恢復。

National Archives

1947年一架正在進行飛行測試的F-86戰鬥機。　　*NAM*

麥克唐納F3H惡魔式戰鬥機是1950年代推出的艦載日間戰鬥機，配備了機砲與飛彈。

US Navy Historical Center

沃特公司的F-8十字軍式戰鬥
機，成為美國與MiG-15戰鬥機的
應對機型。它是極為出色的超音
速戰鬥機，能夠靈活的操作。十
字軍式備有4門20公厘機砲，最
多可吊掛4枚響尾蛇飛彈。圖為
1958年第32「劍士」戰鬥機中隊
（VF-32, Swordsmen）的十字軍
式。

Mersky

約為1958年拍攝的F3H惡魔式戰
鬥機，可見吊掛4枚AIM-7麻雀中
程飛彈。飛彈在當時被認為是空
中纏鬥的終結者，但越戰的經驗
很快證明事實並非如此。　*NAM*

在這架格魯曼F9F-8美洲獅式戰鬥機上，可以看到
四枚AIM-9響尾蛇追熱飛彈（註：深色彈體）。
Grumman

艦隊航空射擊小組（FAGU）是海軍戰鬥機武器學
校的前身，為機組人員提供了射擊與空對空戰術的
訓練。訓員從為期3週的課程學成結業後，就會收
到與圖中相同的臂章。
Author

第二章
立起標竿

航空部隊在韓戰後與越戰前之間的這段時期,最顯著的差異之一是缺乏空戰理論及對訓練標準化的文獻。如前所述,海軍雖然存在FAGU這樣的機構,但沒有採取其他措施來記錄合時宜的空戰戰術,甚至沒有教導相關的課目。美國空軍在這方面則略好一些。1954年,空軍在內華達州的奈利斯空軍基地(Nellis Air Force Base)成立了戰鬥機武器學校(Fighter Weapons School, FWS),著重於發展戰鬥機戰術。儘管該校在早年的發展非常有前途,FWS的理念很快就被戰略空軍司令部(Strategic Air Command)主導的轟炸機理論所取代,戰略空軍司令部也因此接管了戰術空軍司令部(Tactical Air Command)。

此時,兩位戰術空軍學者應運而生。佛德利克·「靴子」·培雷斯最初的作品——《無勇氣即無榮譽》——在1950年代中後期在海、空兩軍廣泛使用,並且是上述兩個航空作戰部隊之中,第一本試圖將戰術與戰術培訓標準化的出版物。到那時為止,幾乎沒有任何與空戰相關的出版品存在。培雷斯的手冊是基於他在韓國的作戰經驗,強調相互支援的概念,為進攻與防守行動提供了具體的建議,並以當時前所未有的方式制定了作戰基本準則。許多海軍中隊皆以培雷斯的著作作為參考依據,以此進行空對空作戰演練。約翰·博伊德(John Boyd)有關空中戰術的著作,則是把作戰思維發展分成了兩個階段。第一階段為1956年在《戰鬥機武器通訊》(*Fighter Weapons Newsletter*)中,題為〈戰鬥機對戰鬥機訓練的計畫建議〉(A Proposed Plan for Ftr. vs. Ftr. Training)的專文,但這並非培訓手冊,而是對空中作戰訓練新思維之見解。第二階段為1959至1960年的〈空中攻擊研究〉(Aerial Attack Study),它改寫了美國空軍的戰術準則。在1945年到1960年之間,海軍在戰術方面並沒有可以與空軍相比擬的見解。海軍第一本廣傳的進階航空戰術手冊,應該是由第21「自由槍騎兵」戰鬥機中隊(VF-21, Freelancers)日後的米格殺手,羅·佩吉(Lou Page)於1966年中期所撰寫的那一本。

FAGU的中止對越戰的影響

FAGU的廢除是海軍空戰訓練與戰術發展的分水嶺。當FAGU中止時,海軍正處於換裝艦載戰鬥機的過渡時期——從原本的F8U十字軍式日間戰鬥機與F3H惡魔式全天候攔截機的混編部隊,轉換成新型的F-4幽靈II式戰鬥機。廢除FAGU所造成的傷害,對全艦隊都造成影響。但它的諸多概念,很快就以海軍戰鬥機武器學校(TOPGUN)的形式再次復興。

越南空戰

越南戰爭時期的空戰,始於1965年初的滾雷行動(Operation Rolling Thunder)。海軍首次正式擊落米格戰鬥機,是在1965年的6月17日。當時,第21「自由槍騎兵」戰鬥機中隊的一組機組人員,用AIM-7麻雀飛彈擊落了一架MiG-17戰鬥機,是一次宛如教科書般的標準擊落。然而,這一戰績很快將被證明無法說明真實情況。海軍F-4機組人員發現,在面對由訓練不足的北越飛行員所駕駛的舊式MiG-17戰鬥機時,他們依然很難取得制空權。除了飛彈失靈或無法在有效範圍內發射飛彈外,機組人員也不斷受制於米格戰鬥機在迴旋性能上的優勢。儘管美國海軍在戰鬥機與武器方面都具有優越性——至少在帳面上而言——但F-4在越戰中所達成的擊落率,與過去的戰爭對照起來卻顯得相形見絀。F-8戰鬥機的表現較好,在1965年到1968年間的交戰結果可以證明這一點。當時,十字軍式戰鬥機在擊落19架敵機的同時,己方只損失3架,擊落率為6.3:1。同一時期,海軍的F-4戰鬥機僅有3.2:1的擊落率,而美國空軍F-4的擊落率則還要更低。

海軍的反擊

1968年,經過三年對北越戰鬥機的慘淡空對空擊落績效後,海軍委託法蘭克·奧爾特上校(Frank Ault)進行一項研究,調查海軍戰鬥機與飛彈性能不佳的根本原因。奧爾特所提交的480頁報告——正式名稱是《對空戰飛彈系統能力評估》(Air-to-Air Missile System Capability Review)——共提出了242項建議。其中最重要的,是要求建立一個進階的訓練課程,以教授高階的空戰戰術。這是奧爾特上校認為當時艦隊所屬的艦載機中隊與訓練司令部訓練大綱中所缺乏的部分。奧爾特也呼籲研發裝備有相關觀測儀器的專屬訓練靶場。

奧爾特的觀點在某種程度上，已經為美國西岸的戰鬥機機組人員所熟知，其中有許多人剛從東南亞的戰鬥部隊歸來，並派到第121「標兵」戰鬥機中隊（VF-121, Pacemakers）去。該中隊是西岸的F-4航空換裝大隊（Replacement Air Group, RAG），位於加利福尼亞州聖地牙哥的米拉瑪海軍航空站（NAS Miramar）。這些機組人員很清楚海軍設計無機砲戰鬥機的短視，以及他們對新近開發，但未經驗證的飛彈技術的過分依賴。

TOPGUN的成立

根據奧爾特的報告，以及米拉瑪基地的戰鬥機群體的強烈抗議，海軍授權在丹彼特森少校（Dan Petersen）的領導下，於第121戰鬥機中隊底下成立一個進階的戰鬥機訓練學校。彼特森少校是一位經驗豐富的戰鬥機飛行員，曾擔任第121戰鬥機中隊備受重視的戰術班主任（Tactics Phase Section）。他挑選了四名飛行員（梅爾・霍姆斯〔Mel Holmes〕、吉姆・魯理福森〔Jim Ruliffson〕、約翰・奈許〔John Nash〕、傑瑞・史瓦斯基〔Jerry Sawatzky〕）與四名雷達攔截官（約翰・史密斯〔J.C. Smith〕、吉米・拉艾〔Jim Laing〕、德瑞爾・蓋瑞〔Darrell Gary〕、史蒂芬・史密斯〔Steve Smith〕），並延攬了情報官查克・希爾德布蘭（Chuck Hilderbrand）進入團隊。從1968年9月下旬開始，他們著手制定新的戰術與培訓大綱。除了希爾德布蘭外，其他人都是來自「標兵」中隊的教官，並且都是擁有實際作戰經驗的沙場老兵。其中，雷達攔截官約翰・史密斯及吉姆・拉艾都是米格戰鬥機殺手。這九個人重寫了戰鬥機的空戰戰術，並開發出如何將訓練內容傳遞給學員的指導方式。直到今天，人們依然跟隨上述這些戰術與方式。

TOPGUN的訓練模式

TOPGUN的訓練模式要求每個中隊派出最頂尖的成員——精通戰術並能指導他人者——參加當時為期四週的課程，讓訓員參與學科與術科課程，以加強整體的能力。教官們除了授課，也從同樣駐在米拉瑪基地的第126「土匪」戰鬥機中隊（VF-126, Bandits），借用了它們的物力（即TA-4F天鷹式攻擊機），作為訓員們的假想敵「紅軍部隊」。結束後，獲得臂章的結業訓員返回各自的中隊，向他們的隊員傳授最新的戰術知識，而多數時候他們也都會擔任中隊的訓練官。

TOPGUN的第一間教室，是位於一間廢棄、當中有兩個房間的工地用拖車改造的建築，該拖車是藉由巧妙的以物易物方式取得的。當時因為資金缺乏，教官們既沒有訓練用的飛機，也沒有辦公的家具，甚至必須親自打字製作訓練講義。大多數人認為他們將會以失敗告終。然而，教官們繼續推行他們的計畫，深入研究他們的專業領域，設計出新穎的戰術與手段，並將其向整個海軍推廣。他們強調了諸如兩機「分散並行」隊形（loose deuce）、對響尾蛇短程飛彈的倚賴等概念，以及充分了解自己的飛機與知曉敵人的弱點。第一屆班隊始於1969年3月3日，到了1970年，全太平洋艦隊的戰鬥機中隊，及大多數大西洋艦隊的戰鬥機中隊，都擁有了一組經TOPGUN完訓的機組人員。TOPGUN不僅設法向將來要負責訓練各個戰鬥機中隊的種子教官傳授進階戰術，而且還堅定地保存了那些過去曾「失傳」的教悔。

TOPGUN的初次擊殺與1972年的行動

一組由TOPGUN結業訓員所組成的機組人員，於1970年3月28日成功擊落第一架MiG-21戰鬥機。結業於01-69班隊的傑瑞・博利爾（Jerry Beaulier），在第142「幽靈騎士」戰鬥機中隊（VF-142, Ghost Riders）裡駕駛著幽靈戰機。在這個時間點，基層對於TOPGUN的課程感到雀躍，但仍然有人抱持著懷疑態度，其中包括身在TOPGUN當中的教官。他們懷疑本身所要傳達的訊息是否真的有廣佈出去。然而，在1972年的「後衛行動」（Operation Linebacker）期間，海軍戰鬥機的表現提供了TOPGUN所需的證明。主要由TOPGUN結業訓員組成的海軍機組人員，總共擊落了26架北越的米格戰鬥機，而己方僅損失了兩架戰鬥機，達到了12・5：1的擊落率。海軍唯一的王牌機組人員——蘭迪・「公爵」康寧漢（Randy "Duke" Cunningham）與威廉・「威利・愛爾蘭人」・德里斯科爾（William "Willy Irish" Driscoll）——在一天之內擊落了三架米格戰鬥機。但同時，美國空軍僅保持了1965年至1968年在滾雷行動中的擊落率（1・78：1）。TOPGUN證實獲得了空前的成功。

1971年1月，TOPGUN以任務編組的方式納編。到1972年7月1日，該校在羅傑・帕克斯中校（Roger Box）的率領下，成為擁有自主權的指揮部。

海軍在1960年代開始使用F-4幽靈II式戰鬥機，作為艦隊的遠程攔截機。圖為第84「海盜旗」戰鬥機中隊（VF-84, Jolly Rogers）的幽靈戰機在歐希安納海軍航空站附近編隊飛行。

US Navy Historical Center

海軍戰鬥機只遇到過少數的MiG-19戰鬥機。1972年，海軍戰鬥機機組人員擊落了兩架MiG-19。

MiG-21「魚床式」戰鬥機是蘇聯最先進的傑作機，並且是名副其實的攔截機。此機以針對敵軍編隊進行右側翻滾攻擊，並快速飛離現場而聞名。海軍的F-4機組人員在滾雷行動（1965年至1968年）期間，共擊落了6架MiG-21。

National Archives

位於聖地牙哥的米拉瑪海軍航空站，有「美國戰鬥機城」（Fightertown USA）之稱，當時是海軍西岸的F-4幽靈II式與F-8十字軍式戰鬥機中隊的大本營。幾乎所有派往越南的戰鬥機都來自西岸。當由越南戰場返國的機組人員開始分享他們的作戰經驗之後，米拉瑪很快成為空戰戰術思想的朝聖之地。TOPGUN對於米拉瑪的戰鬥機文化而言，是個完美的畫龍點睛。 *Denneny*

F-8十字軍式戰鬥機的飛行員在越戰期間，共擊落了19架米格戰機，達到6：1的擊落率。「最後的空戰高手」證實，空戰操作（ACM）的訓練在飛彈時代依然很重要。圖為美國陸戰隊第235定翼戰鬥機（全天候）中隊（VMFA（AW）-235），吊掛了飛彈與炸彈的F-8十字軍式。 *NAM*

用肉眼難以發現的A-4天鷹式，
證明是出色的假想敵戰機，並且
具有與MiG-17戰鬥機類似的飛航
性能。這使得A-4成為訓練前往
東南亞戰場機組人員的首選培訓
機。 *Mersky*

TOPGUN從第126「土匪」戰鬥
機中隊那裡借來雙座的TA-4。
「土匪」中隊是儀器飛航訓練中
隊，是當時駐米拉瑪海軍航空站
的眾多單位之一。

Fotodynamics

儘管AIM-9B響尾蛇飛彈可以鎖定敵機的熱源訊號，機組人員仍然必須瞄準目標的排氣口或機尾才能射擊。事實證明，在進行機動操作且處於高G力的情況下，戰鬥機很難取得並維持飛彈的鎖定。後來的型號，例如AIM-9L以後的型號，都是具備全方位攻擊能力的飛彈，它們可以從任何角度發射。目前的型號是AIM-9X Block II。

US Navy

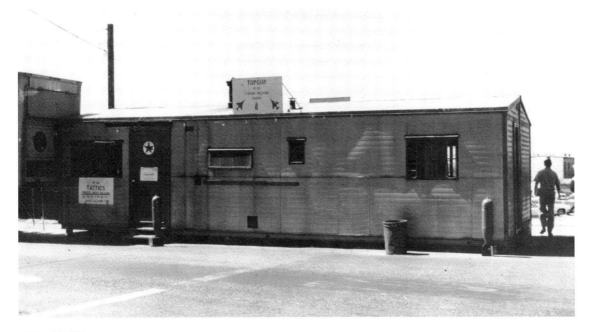

TOPGUN的預算很少，沒有設備也沒有戰鬥機。其中一位創校教官，史蒂芬·史密斯，巧妙地以物易物的方式，「取得」了基地內一間廢棄的兩房式拖車屋，作為TOPGUN的辦公室與教室，並一直使用到1970年。 *Tailhook*

敏捷性高的A-4天鷹式，證明是可以出色地模擬MiG-17的機型，為機組人員提供了足以真實呈現東南亞空戰的實況，是可以進行異機型空戰訓練的假想敵戰機。圖為A-4與F-4正在對戰的情況。　　　　　　　　　*Verver*

TOPGUN在1969年6月前後的教學手冊封面，大約是第三屆班隊期間。原件保存人山謬‧維納利斯（Samual L. Vernallis）在1969年是在TOPGUN任教的教官之一。
Aaron Vernallis

TOPGUN第一屆訓員（01-69班隊）於1969年4月初結業。那一年，總共有六個班隊結業。
Tailhook

同為海軍飛行員的海軍中將威廉‧「布希」‧布林格爾（William "Bush" Bringle，中），1970年與VF-121中隊及多名教官在TOPGUN的拖車教室中視察時留影。
Tailhook

由於TOPGUN是隸屬於第121戰鬥機中隊的其中一個分支，教官們同時身兼TOPGUN與該中隊的職責。所有的教官都來自第121中隊的戰術組。 *NAM*

1969年VF-121中隊進階戰術飛行教官
TOPGUN的創校教官以粗體標示，並列出其呼號

（後排，左至右）傑瑞·金奇（Jerry Kinch）、迪克·穆迪（Dick Moody）、彼德·加哥（Peter Jago）、湯姆·伊爾貝克（Tom Irlbeck）、**德瑞爾·「禿鷹」·蓋瑞·羅斯·安德森（Ross Anderson）、傑瑞·「史基鳥」·史瓦斯基（Jerry "Ski-Bird" Sawatzky）**、山姆·維納利斯、唐·薛爾（Don Sharer）、吉姆·「鷹眼」·拉艾

（前排，左至右）喬爾·葛拉夫曼（Joel Graffman）、**史帝夫·「叛軍」·史密斯、梅爾·「響尾蛇」·霍姆斯**、漢克·哈雷蘭（Hank Halleland）、**丹·「楊基」·彼特森**、佛恩·江普爾（Vern Jumper）、吉姆·「眼鏡蛇」·魯理福森、約翰·「擊潰」·奈許、約翰·**J.C.·「密西西比2500」·史密斯**（不在照片中）

今天馳名中外的TOPGUN臂章，是由梅爾·福爾摩斯·史帝夫·史密斯在米拉瑪基地內軍官俱樂部的餐巾紙上設計而成的，如今已成為享譽世界的卓越象徵。 *Author*

第三章
故事的延續

1970年代的擴展

1970年代初期可說是TOPGUN概念的驗證與求存時期。如前所述，TOPGUN的前兩年在培養學員方面非常成功，看似對海軍帶來重大影響。但是，除了1970年3月在越南的交戰外，其實在東南亞缺乏具有重大意義的空戰機會，這也使得TOPGUN的教學成果無法獲得全面性的認可。最終，這些成果在1972年對上北越的米格戰鬥機時，以12‧5：1的擊落率獲得驗證以後，方平息了各方對TOPGUN的反對聲浪。

然而，即使TOPGUN本身的位階鞏固了，但1970年代初期對該校依然充滿各種挑戰。物理空間──TOPGUN早期面對的問題之一──於1970年找到了解決之道，該校由原本的兩房拖車屋遷移至米拉瑪基地的二號機庫。但是，依然有不同的勢力試圖關閉或貶低TOPGUN的位階，認為戰爭已經結束，且由於戰後預算的刪減，已經沒有必要再維持TOPGUN的運作。1973年末，該校面臨了嚴重的生存危機：美國應以色列的要求，為補充其在贖罪日戰爭中的損失，將TOPGUN的所有訓練用假想敵戰機（此時，TOPGUN已經購買了一小批A-4E天鷹式攻擊機）全數轉移給以色列。當時，只剩下一架戰鬥機的TOPGUN岌岌可危，所幸透過指揮官郎諾‧「拳師」‧麥克農（Ron "Mugs" McKeown）展現的政治手腕，成功挽救了局面，從空軍取得了廢棄的諾斯洛普（Northrop）T-38鷹爪式教練機，以及陸戰隊所屬的兩架A-4攻擊機。

1972至1973年間，根據《奧爾特報告》的建議，TOPGUN獲得了配備有感測儀器的靶場使用權，從而可以運用飛彈進行精密的訓練，並消除了空對空訓練過程中那種憑空瞎猜的臆測。機組人員再也無法爭辯究竟是誰在模擬空戰中獲得了勝利，因為航空作戰演練儀／演訓場域（Air Combat Maneuvering Instrumentation/Range，ACMI/R）提供了答案，並驗證了所有飛彈射擊的結果。ACMI/R靶場位於亞歷桑納州的尤馬陸戰隊航空站（MCAS Yuma），而監控系統則位於米拉瑪基地。

到了1975年，TOPGUN空戰課程已擴展至五週，且學校的指導教官多達17名。課程原本包含一個星期的空對地課目教學，但已在1970年取消，改為五週純粹的空對空作戰課目。在教授主要的戰鬥機空戰課程之餘，TOPGUN於1972至1973年間新增了空中攔截管制官（air-intercept controller，AIC）的課程，1974年更為北約國家的空軍開設班隊，1975年則新增了假想敵戰機教官培訓課程。AIC課程旨在整合於越南空戰中，成功導引攔截米格戰鬥機的空中管制官經驗，以使後座的空中攔截管制官們熟悉戰鬥機戰術。而假想敵教官培訓計畫由當時的指揮官吉姆‧魯理福森推動，試圖將海軍新近擴充的假想敵中隊設下標準化的培訓內容。為顧及效率與安全性，假想敵飛行員必須在模擬的威脅環境中接受培訓，並學會教導而非單純地擊敗其日後在模擬交戰中的對手。

TOPGUN於1970年代中後期的發展與成長已趨於穩定，並在1975年獲得了全新的假想敵機──F-5E/F虎II式戰鬥機，使教官們能模擬如MiG-21戰鬥機的超音速威脅。此外，TOPGUN也迎來了用作艦隊攔截機的新型F-14雄貓式戰鬥機，而07-76班隊的訓員便是首批駕駛F-14的飛行員。同年，TOPGUN還新增了海上制空的課程（TOPSCOPE）。該課程旨在教導F-14戰鬥機後座雷達攔截官進行進階的艦隊防禦訓練，以應對裝備了遠程反艦飛彈的蘇聯轟炸機，保護美國航空母艦。他們善用了F-14戰鬥機的遠程AWG-9雷達與AIM-54鳳凰飛彈作為課程的一部分，該課程維持了四年的時間。

為了容納不斷增加的工作人員，並為新的TOPSCOPE計畫提供教室，TOPGUN在1977年底遷入了米拉瑪基地的一號機庫。最後，為了讓訓員了解在海外所面臨的實際威脅，TOPGUN派其訓員前往托諾帕（Tonopah），與美國秘密採購的米格戰鬥機（由空軍第4477測試與評估中隊駕駛）進行模擬訓練。這為訓員提供了對MiG-17、MiG-21及MiG-23戰鬥機所需的初步了解，從而為他們建立信心並減少遇到敵機時引發的震撼所影響。

海軍在越戰期間只有一組王牌。
飛行員蘭迪‧康寧漢與雷達攔截
官威廉‧德里斯科爾，於1972年
1月至5月間擊落了五架米格戰鬥
機，其中三架是在5月10日一天
之內擊落的。兩人後來都成為
TOPGUN的教官。
　　　US Navy Historical Center

A-4一直都是TOPGUN唯一的假
想敵戰機。直到1973年末才取得
一小隊空軍廢棄的T-38教練機。
在結訓前模擬對戰中，A-4偶爾
會與不同的機型配合進行測考，
例如海軍與陸戰隊的F-8戰鬥
機、美國空軍預備役的F-86戰鬥
機、美國空軍防空司令部的
F-106戰鬥機。
　　　　　　　　　Mersky

TOPGUN成立並開始運作後，其教官主要是從以前的結業生中挑選出來。優秀的訓員首先被列入「初選」名單（wish list），然後再經過甄選進入「確定」名單（want list）。在他們返回艦隊後進行觀察，然後邀請他們出任為期2至5年的教官職務。教官的選擇，是依據他們的飛行技術、雷達攔截、戰術技能，也取決於他們指導別人的能力。TOPGUN重視能將訓練任務解構、並從中提取重要經驗教訓，再轉化為教學重點的能力。透過長時間的學習，以及TOPGUN讓人聞風喪膽的「謀殺委員會」（murder board）過程——課程由其他教官進行全面審查——針對特定主題發展專業知識，使教官們樹立了卓越的標竿文化，並一直延續至今日。

1980年代的鼎盛時期

TOPGUN的規模、地位與影響力，在1980年代不斷擴大，並成為海軍戰鬥機單位戰術準則的首要來源。首先，在1980年，TOPSCOPE課程被合併入以海上制空權等相關講習為主軸的基本戰鬥機課程，稱為戰力投射（power projection）。然而，由於技術的複雜性不斷提高，以及需要更快速地向艦隊傳達訊息的需求，這類的主題大多被包裝成一個為期一週的艦隊制空權培訓巡迴課程（Fleet Air Superiority Training, FAST），並在米拉瑪及奧西安納基地（NAS Oceana）進行講習。自1981年開始，FAST課程為F-14戰鬥機與E-2「鷹眼式」空中預警機中隊進行了艦隊防禦、外層航空作戰等訓練，其中包含了大約12場學科講習及模擬器時段，以及8小時的航艦戰鬥群防禦模擬訓練。FAST課程一直持續到1994年才停止招生。

1980年代初期，TOPGUN訓員們駕駛新引進的麥克唐納·道格拉斯之F/A-18大黃蜂式戰鬥攻擊機來報到，而1980年代中期的最後一班訓員，則還在駕駛陳舊的F-4幽靈戰機。大黃蜂很快就被證明是強而有力的戰鬥機，且不久之後更出現了為F-14戰鬥機與F/A-18攻擊機所開發的混合戰術。1980年代中期也引入了夜間戰術，以及更先進的空對地作戰，特別是有關AGM-88高速反輻射飛彈的使用。TOPGUN也設計了新的戰術，以防禦來自MiG-23「鞭撻者式」戰鬥機及其全方位的AA-7「尖頂」飛彈（Apex），以及當時新式的MiG-29「支點」戰鬥機（Fulcrum）、Su-27「側衛」（Flanker）戰鬥機的大偏角射擊能力所帶來的綜合威脅。

1985年10月，TOPGUN升等成為位階二級指揮部（Echelon II Command）的單位，直接隸屬於海軍軍令部長。這一轉變開創

了由海軍上校來指揮學校的新局面，而隨著TOPGUN大量投入海軍打擊作戰中心（Naval Strike Warfare Center, STRIKE U）所涉及的國防工業（為飛機與武器規格提供建議）、飛機測評、假想敵訓練、高級軍官複訓及航空聯隊方面的工作，上述的變化把該校推向了更高的聲望。兩年後，TOPGUN獲得了第一架第四代假想敵戰機——F-16N「戰隼」戰鬥機，讓教官們能模擬像MiG-29與Su-27等更後期出現的威脅。F-16N戰鬥機抵達不久後，所有的F-5E/F虎II式戰鬥機便都退出教學飛行了。

1980年代，派拉蒙的電影《捍衛戰士》（*Top Gun*）也為該校帶來了來自全球的關注度。儘管該校在軍事航空界已廣為人知，《捍衛戰士》卻讓真實的TOPGUN在一般公眾之間變得更為著名，開拓了更多未來想投入海軍飛行員職業生涯的人們。海軍也創下了在越戰結束以來，首個敵機的擊殺，分別於1981年與1989年擊落了兩架利比亞戰鬥機（1981年擊落了兩架Su-22，1989年擊落了兩架MiG-23）。總而言之，TOPGUN當時在海軍航空與產業界等方面，皆處於實力的巔峰期。

1990年代的風雲變幻

在1990年代發生了三個重大事件，不僅形塑了TOPGUN的未來發展，也對海軍航空整體造成深遠影響，直至今日依然如此。首先，TOPGUN於1994年重新引入空對地炸射課目。剛邁入1990年代時，TOPGUN為期五週的課程仍然只針對空戰作訓練。1991年的波斯灣戰爭中，戰鬥機幾乎沒有受到來自空對空的威脅，這表明了空對地炸射或是「打擊」作戰將會是未來的任務。隨著海軍轉向引進更多的戰鬥攻擊機（F/A-18大黃蜂式戰鬥攻擊機與具備對地轟炸能力的F-14「超級雄貓」），TOPGUN開始將空對地炸射課程納入教學課綱。這使得課程從原本的五週擴展到了六週。

第二，在1995年（03-95班隊）開始，TOPGUN實施了「戰鬥攻擊機武器與戰術」（Strike Fighter Weapons and Tactics, SFWT）課程，並將戰力投射課程改組為戰鬥攻擊機戰術教官課程（Strike Fighter Tactics Instructor, SFTI），以訓練專門的中隊訓練官。不同的是，在原本的戰力投射課程模式下，機組人員在完成課程後立即返回各自的中隊。戰鬥攻擊機戰術教官則是在結業後，可能會被派往以下幾個單位之一擔任教官：位於東西兩岸的武器學校、艦隊人員補充中隊（fleet replenishment squadron, FRS）、TOPGUN、海軍打擊作戰中心或測試與評估中隊（test-and-evaluation〔VX〕squadron）。每位結束SFTI課程的學員，皆以教

TOPGUN於1972年7月成為獨立的指揮部，並在當下取得了少量的A-4E天鷹式攻擊機。圖為攝於1972年7月的編號150090，塗有三色藍色迷彩的A-4。

Grove

1970年中期，TOPGUN離開原本的兩房式拖車屋，遷入米拉瑪的二號機庫，並在那裡一直待到1977年秋天為止。

Fotodynamics

第126「土匪」戰鬥機中隊被重新指定為假想敵中隊，並在以後的數年間充當艦隊的假想敵陪練戰機。TOPGUN與該中隊合作開發後者作為假想敵的技能，並不時借用其A-4供教官使用。

Fotodynamics

官的身分完成剩下、為期三年的岸上勤務，其後再以經驗豐富的中隊訓練官身分返回艦隊任職。

SFWT的建立成為了作戰聯隊、小隊隊長、分隊隊長及教官資格取得的標準課程。該計畫之所以會興起，是因為當時在同一聯隊內的中隊戰術水準經常出現有落差的現象。儘管有些差異是因為個別訓練官的不同所造成的，但有些則是基於中隊指揮官對來自TOPGUN經驗傳承的抵制，並指派從TOPGUN結業的飛行員擔任行政職務而非戰術指導工作，從而導致他們無法傳達在TOPGUN所學習到的概念。

SFWT計畫如今已為美國海軍整個航空群體所採納，截至2016年，該計畫已被海軍的水面作戰艦隊所採用。每個航空群體，從海上巡邏、直升機到空中預警機，都有各自的武器與戰術教官（weapons and tactics instructor, WTI）課程計畫。除了水面作戰群體之外，上述其他各個群體在法倫海軍航空站（NAS Fallon）皆擁有一所教學校舍，作為海軍航空作戰發展中心（Naval Aviation Warfighting Development Center, NAWDC，是海軍打擊與空戰中心〔Naval Strike and Air Warfare Center, NSAWC〕的前身）的一部分。

第三個重大事件發生在1996年5月，當時TOPGUN遷至法倫基地，並成為海軍打擊與空戰中心的一部分。曾經是二級指揮部的TOPGUN，如今與海軍打擊作戰中心（STRIKE U）、航艦空中預警武器學校（Carrier Airborne Early Warning Weapons School, TOPDOME），合併成為隸屬指揮海軍打擊與空戰中心的二星少將的下轄單位。儘管TOPGUN因為這樣失去了部分自主權，但大多數的教官承認，在法倫基地配備了感測儀器的靶場訓練，比在米拉瑪與尤馬來得好，並且能與其他不同的武器學校及STRIKE U密切合作，是非常寶貴的機會。有趣的是，TOPGUN曾在1970年代末期及1980年代初，考慮遷移至法倫基地，但隨後卻打消了這個念頭。

在1990年代剩餘的時間，TOPGUN繼續發展及改進其「戰鬥攻擊機戰術教官」課程，並實施更大規模的SFWT計畫，為海軍所有的中隊提供標準化培訓。大約在1998年至2003年間，TOPGUN曾為陸戰隊學員單獨開設了為期五週的戰力投射課程，以及為期十週的全海軍「戰鬥攻擊機戰術教官」課程。SFWT計畫所教導的理念，因為會威脅到中隊領導幹部的自主權，最初受到機隊的強烈抵制，但隨著計畫有讓人信服的成果而逐漸消失。引起關注的一點是，作為TOPGUN假想敵的F-16N戰機，因為超負荷使用而產生裂痕，並於1995年除役。

遷入新的機庫後，TOPGUN重新粉刷了機庫內樓梯的牆壁，以此紀念F-4戰鬥機飛行員個人在越戰時期對戰米格機的戰績。每個圖案分別記錄米格機的機型、擊落日期及機組人員的姓名。

US Navy

新技術、新威脅崛起的2000至2009年

在這十年內，海外作戰行動對TOPGUN產生了重大的影響。阿富汗與伊拉克的空中作戰大多為空對地作戰，這導致空對地武器配備、戰術與投射的指導準則更加獲得重視。TOPGUN納入了更多城區近距離空中支援（urban close-air support, UCAS）的課目，同時改進了對低空掃射的建議與戰術，並藉由其課程向海軍傳達了這些資訊。在2000年代中期，由於國外威脅的不斷演變，以及美國空軍在2004年與印度在代號「對抗印度」（Cope India）聯合軍事演習中差強人意的表現，海軍因此事後對空中纏鬥的戰術進行了重大的修正。2004年到2006年大部分的時間，都著重在改進並向各中隊傳授新的空對空戰術。

2001年，F/A-18E/F超級大黃蜂戰鬥攻擊機的加入，除了改變課程內容，也促成了開發更適合此一戰鬥機的新戰術之需求。不幸的是，TOPGUN因為未能提早取得F/A-18E/F戰鬥機，且沒有足夠的時間全面審查飛機性能並制定新的戰術，導致在這方面略顯落後。超級大黃蜂戰機相關的戰術，一直到2000年代中期，當全新的超級大黃蜂Block II被分發到各中隊以後，才有明確的進展。這次，在幾支位於美國西岸的超級大黃蜂Block II中隊的幫助下，TOPGUN教官才得以將這架新型戰鬥機的種種納入課程大綱。

從戰鬥機的角度來看，最後一批F-14機組人員自04-03班隊結業後，作為假想敵戰機的雄貓式戰鬥機，便於該年10月退役。2003年，TOPGUN購買了原本要提供給巴基斯坦的全新F-16A「戰隼」戰鬥機，這有助於解決如何進一步模擬進階威脅的憂慮。從教官的角度來看，TOPGUN的指揮結構在2002年發生了變化，其指揮官在很短的時間內做為N7部門的負責人，但隨後轉為擔任海軍打擊作戰中心負責戰術、技術與程序的N5部門主官。在這十年間，對於協助EA-18G「咆哮者式」電子作戰機部隊在法倫基地設立電子攻擊武器學校方面，TOPGUN在其中也扮演了關鍵性的角色。

威脅回歸的2010年代

二十一世紀的第二個十年，在某些方面與TOPGUN剛創校時的情況非常相似——資金短缺，裝備老化——而海外作戰基本上都是空對地炸射為主。海軍開始引進一款新型高科技戰鬥機，F-35C「閃電II式」。但諷刺的是，這架戰鬥機並未裝備機砲。就像1970年代，海軍這時也面臨著來自俄羅斯的遠程轟炸機、遠程反艦飛彈的新威脅。在2010年大部分的時間裡，TOPGUN花了很多時間在效益不高的事務上，以及不斷發展針對新的威脅戰術、硬體開發的對策。有趣的是，2017年6月，一名從TOPGUN結訓的飛行員擊落了一架敘利亞的Su-22戰鬥機。這是海軍自1991年沙漠風暴行動以來的首次空對空擊殺。TOPGUN在2010年代也花了很多時間，將新的F-35C閃電II式融合到艦載機聯隊中，並為這款匿蹤戰鬥機制定新的戰術。TOPGUN於2020年初，在其02-20班隊中接收了第一批F-35C戰鬥機學員。目前，TOPGUN總共有7名F-35C戰鬥機的隊職教官。隨著TOPGUN的發展，它將繼續開發新的戰術，以因應不斷精進的外國對手，包括中國解放軍的殲20與FC-31「鶻鷹」戰鬥機，以及俄國的Su-57匿蹤戰鬥機等實力相當的競爭者所帶來的威脅。TOPGUN同時還致力於投入產業諮詢、武器與感測器採購及戰術的聯合開發。

1973年10月，TOPGUN將所有的A-4天鷹式轉交給以色列，以取代其在贖罪日戰爭初期損失的戰鬥機，只留下一架A-4自用。由於越南戰爭已經結束，以及國防需求上的減縮，有些人擔心這將導致TOPGUN的關閉。*Mersky*

第127戰鬥機中隊的三架雙座TA-4，與一架
A-4F組成的飛行編隊。TA-4不僅被當作假想敵
戰機使用，還用於教官培訓、訪客參訪專機及
作為雷達攔截官教官的座機。 *Mersky*

1973年底，當TOPGUN失去幾乎
所有的A-4時，當時的指揮官，
郎諾‧「拳師」‧麥克農，與美
國空軍達成協議，獲得了少量的
T-38教練機。這些教練機立即重
新上漆、維修並投入飛行，以支
援TOPGUN的課程。綽號「鷹
爪」的超音速T-38教練機，讓教
官可以模擬MiG-21的威脅。

Grove

《奧爾特報告》的242項建議之
一，是建立一個裝備有感測儀器
的訓練靶場，用於監控並驗證飛
彈的射擊與訓練。立方體公司
（Cubic Corporation）開發了該
系統，稱之為航空作戰演練儀／
演訓場域（ACMI/R）。他們在機
翼上安裝一個大約為響尾蛇飛彈
大小的莢艙，並將遙測數據傳送
到 飛 行 員 戰 術 空 戰 訓 練 系 統
（Tactical Aircrew Combat
Training System, TACTS）的電腦
裡。這在電影《捍衛戰士》中，
於凱莉‧麥吉利絲（Kelly
McGillis）飾演的角色（〔查
理〕‧布萊克伍德）斥責「獨行
俠」的飛行方式時，以基本模式
呈現在大家眼前。如今，該系統
被 稱 為 戰 術 作 戰 訓 練 系 統
（Tactical Combat Training
System, TCTS）。

Fotodynamics

到了1974年末，TOPGUN的課程已擴展至五週，並主要集中於空中對戰。透過分區組合法，TOPGUN向學生講授一對一的近戰纏鬥基本攻防（BFM），再教導小隊戰術。圖為一架F-4戰鬥機的機組人員設法佔位鎖定第13戰鬥機中隊的TA-4J。

Verver

1974年，TOPGUN接收了諾斯洛普公司新型的F-5E虎II式戰鬥機，其性能比T-38教練機更優異。

Fotodynamics

圖中的F-5E戰鬥機塗上了吉姆‧魯理福森的名字。他是TOPGUN的創校教官,並於1975年擔任該校指揮官。魯理福森將假想敵教官培訓計畫帶入TOPGUN,並且是啟動導入F-14戰鬥機TOPSCOPE計畫的關鍵人物。
Tailhook

T-38教練機(右一)不僅在1973年秋天挽救了TOPGUN,而且作為模擬MiG-21威脅的超音速飛機也表現良好。然而,T-38因為到達結構壽命的極限,在1970年代末就退役了。擁有兩款假想敵戰機,對於TOPGUN教導國外潛在對手的戰術非常有幫助。
Tailhook

攝於1978年4月，圖中銀色的F-5F戰鬥機，是教官史蒂夫‧「史姆基」‧奧利佛（Steve "Smokey" Oliver）及雷達攔截官蓋瑞‧「大蛇」‧特納（Gary "Snake" Turner）的座機。第一架雙座F-5F戰鬥機於1975年抵達TOPGUN。 *Grove*

圖中的F-5F戰鬥機是米格戰鬥機殺手威廉‧「威利‧愛爾蘭人」‧德里斯科爾的座機。他在越戰時，與蘭迪‧「公爵」‧康寧漢一起擊落了5架米格戰鬥機。作為教官，德里斯科爾重新修改了TOPGUN地對空飛彈威脅及電子戰的課程內容，並進一步設計了學員前往中國湖海軍航空武器站（Naval Air Weapons Station China Lake）的電子戰訓練場的課目。德里斯科爾至今依然在TOPGUN社群裡活躍，在每一班隊學員結訓前，都會回去為他們授課。

Tailhook

一架隸屬第13戰鬥機混合中隊（VFC-13）的F-5E戰鬥機正在進行訓練。體型嬌小的F-5E戰鬥機很難從肉眼發現，尤其當它從正面而來的時候。F-5在維修上也相對容易。

Fotodynamics

一架F-14雄貓式戰鬥機飛過米拉瑪海軍
航空站的上空。　　　　*US Navy*

儘管F-14戰鬥機具有許多優勢，但操作得宜的A-4，
往往可以在一對一戰鬥中擊敗F-14。　　　*Mersky*

F-14的到來，象徵著TOPGUN在戰術上的全面改變，並引進海上制空權的訓練。F-14具備戰鬥機與艦隊攔截機的雙重角色，從而取代了F-4，證明是性能出色的戰機。它配備了先進的遠程AWG-9雷達及AIM-54鳳凰飛彈。TOPGUN的07-76班隊訓員，是駕駛F-14的第一批組員。

US Navy

F-14戰鬥機的主要任務是保護艦隊（尤其是航空母艦），免受蘇聯例如Tu-95「熊式」（如圖）、Tu-16「獾式」、Tu-22M「逆火式」轟炸機的飽和攻擊。當時的想法是，在轟炸機發射巡弋飛彈前，要先把它擊落。

US Navy Historical Center

F-14的主要武器是遠程AIM-54鳳凰飛彈，最多可吊掛六枚，該飛彈的公開打擊範圍超過118英里。不配備AIM-54鳳凰飛彈時，F-14戰鬥機可同時吊掛AIM-7麻雀飛彈與AIM-9響尾蛇飛彈，並且還有20公厘機砲可以選擇。

US Navy

攝於1979年2月的灰／藍色迷彩的A-4E。從1975年到1979，TOPGUN使用的是一支混合了T-38教練機、F-5戰鬥機及A-4攻擊機的假想敵部隊。

Grove

由於對F-14戰鬥機組員進行海上制空權戰術教學的需求，促進了TOPSCOPE的發展，該課程進行了四年時間（1976到1980年）。TOPSCOPE的主要授課對象是雷達攔截官，但飛行員也會參與。1981年，TOPSCOPE被併入一個長達為期一年的戰力投射課程，接著被作為F-14艦隊人員補充中隊，以及稱為艦隊制空權培訓（FAST）的巡迴課程所取代。

Finta

F-14戰鬥機於1974年首次部署到企業號航空母艦（CVN-65, USS Enterprise）上。它仍然是與 TOPGUN最有關聯的戰鬥機。圖為三架第41「黑王牌」戰鬥機中隊（VF-41, Black Aces）的F-14 戰鬥機組成編隊飛行，攝於1990年代末期。

Fotodynamics

部分假想敵戰機，例如圖中（攝於1976年1月）垂直尾翼上機號554的A-4，塗上了低視度的灰色塗裝。TOPGUN在1970年代中期嘗試了各種迷彩圖案。　*Grove*

此為指揮官傑瑞・翁羅中校（Jerry Unruh）的F-5戰鬥機。他於1978年至1979年擔任TOPGUN的指揮官。翁羅曾經是F-8十字軍式戰鬥機飛行員，並於1965年參與了那一年海軍首次與米格戰鬥機的交戰。但是，當時並未擊落任何敵機。
　　　　　　　　　　　　　　　　Fotodynamics

F-14戰鬥機飛行員約翰・切舍爾（John Chesire）是01-72班隊的訓員，並於1977年11月完成TOPSCOPE課程。
　　　　　　　　　　　　　　John Chesire

一架屬於TOPGUN、從米拉瑪基地起飛的F-5F戰鬥機，攝於1979年2月。雙座的F-5F戰鬥機，讓擔任雷達攔截的教官們可以在訓練任務中與學員對抗。TOPGUN通常隨時都有四到五名負責雷達攔截教學的教官。　*Grove*

當TOPGUN在1987年讓F-5戰鬥機退役時，包括第127戰鬥機中隊（VF-127）在內的幾個假想敵中隊，都採用了F-5戰鬥機來做對抗演練。TOPGUN的假想敵教官課程始於1975年，並在1980年代，甚至直到今天仍然持續蓬勃發展。　*Mersky*

圖中的F-5E（單座）與F-5F（雙座）戰鬥機，
凸顯出TOPGUN假想敵戰機所使用的不同塗裝
配色。　　　　　　　　　　　　　*Mersky*

F-5E戰鬥機被證明是極為出色的假想敵戰機,至今仍然活躍當中。圖為第43「挑戰者」戰鬥機中隊(VF-43,Challengers)的虎II式戰鬥機。　*Mersky*

兩架A-4天鷹式在演習中進入小角度右轉。兩架戰鬥機皆是1977年到1979年間配發到TOPGUN的飛機。1970年代後,由於MiG-17及MiG-21戰鬥機不再是主要威脅,TOPGUN開始尋求新的合適假想敵戰機。　*Verver*

各一架F-14A與F-8戰鬥機（上）與兩架A-4一起飛行。本圖凸顯了雄貓式戰鬥機與天鷹式攻擊機之間的巨大差異。　　　*Verver*

部分07-76班隊的訓員在飛行後進行任務歸詢。圖中身穿深藍色飛行服的，是正在引導討論的教官。這些飛行服從1973年一直用到1980年代初期。　　*US Navy*

過去與TOPSCOPE有關聯的部分海上制空權課程，轉移到第124「槍手」戰鬥機中隊（VF-124, Gunfighters）去了，剩餘的則規劃成為TOPGUN的艦隊制空權培訓巡迴課程（FAST）的一部分。
US Navy

第四章
今天的TOPGUN

如今，總部位於法倫海軍航空站的TOPGUN，每年舉辦三次為期12週的班隊。每個班隊的課程均包含三門課：戰鬥攻擊機戰術教官課程（SFTI）、空中攔截管制官課程（AIC），以及假想敵課程。每門SFTI課程均招收九個F/A-18E/F超級大黃蜂戰鬥攻擊機的機組人員，他們分別被稱為TG-1、-2、-3P、-4W等，其中包括海軍陸戰隊的F/A-18C/D大黃蜂式的機組員也是招收對象。SFTI課程的參加者中，至少有三名是來自海軍的雙座機組的F/A-18F戰鬥機，或陸戰隊的F/A-18D的武器系統官（weapons system officer, WSO）。

TOPGUN的課程分為四個階段：近戰纏鬥基本攻防（Basic Fighter Maneuvering, BFM）、空對地、小隊與分隊演練。每個階段為期三週半，空對地則為期兩週。各階段課程均在法倫基地進行，除了BFM是在機隊訓練區（例如勒穆爾〔Lemoore〕、奧西安納及米拉瑪等基地）輪流進行，偶爾也會以任務編組的方式，前往彭薩科拉（Pensacola）或基威斯特（Key West）的基地。這樣的輪換，為TOPGUN提供了與基層中隊互動的機會，讓教官們可以為各中隊飛官授課，並為具備潛力的學員提供後座同乘飛行（稱作急速兜風〔Rush Ride〕）的機會。此外，在學校之外的BFM課程，讓訓員們能在海平面上進行一對一（一架戰鬥機對單一對手）的課目。這是因為他們往後的任務部署很可能會需要在這樣的環境中進行，這也讓他們可以進一步把飛機的性能推向極限。

教學是透過講座、研究討論、飛行、簡報與任務歸詢等方式進行。講座中討論了包括「藍軍」（友軍）的各式硬體（APG-79雷達、AIM-9響尾蛇飛彈與雷射導引彈藥）、「紅軍」具威脅的系統（諸如飛行員及武器）、戰術等主題。即使是進行了大量且詳細的講習，大部分的培訓還是透過任務結束後的任務歸詢在進行。在這裡，訓員們學習如何透過任務歸詢進行指導他人的技巧。每趟飛行都由實際參與飛行的人員講評，這包括了參與飛行的空中攔截管制官及假想敵的組員，並由TOPGUN的教官針對訓員的任務歸詢提供意見與作出評論。學習如何正確地做任務歸詢，是所有從TOPGUN結業的訓員必須具備的關鍵技能，以便能有效地汲取、傳遞從每次飛行訓練中學到的經驗與教訓。

SFTI課程的訓員完成BFM階段後——通常是課程開始的三週到三週半之後，假想敵與AIC課程的訓員便會加入他們。後兩者接受與SFTI訓員相同的講習，另外還有一些針對他們特定需求的學科。假想敵課程的訓員會進行簡短的BFM階段，而SFTI課程的訓員在完成空對地炸射訓練後，便開始帶領紅軍部隊的空中任務，進行多機小隊與分隊的飛行。AIC課程的訓員通常會被分配到控制小隊與分隊的任務。三門課程的所有訓員都會一起結業，每位訓員都會獲得一枚臂章，以表示他們已經成功完成課程。

TOPGUN還提供了其他的課程，包括為期三天的資深軍官課程（Senior Office Course, SOC），以及每年秋天舉辦的戰鬥機戰術進修課程（Re-Blue event）。後者邀請所有從SFTI課程結業的成員回到法倫基地，進行為期三天的短期戰術更新講習。TOPGUN也在BFM輪訓期間，向基層中隊提供專題講座，而這讓TOPGUN多了與基層中隊相處的寶貴時間，這在TOPGUN於1996年離開米拉瑪遷到法倫基地後，已經沒有進行得那麼頻繁了。每年大約有33到36名飛行員與武器系統官、12名空中攔截管制官及12名假想敵教官從TOPGUN結業。

如今的TOPGUN比以往來得更壯大，並且被廣泛認為是卓越的戰鬥機戰術培訓中心。在其悠久的歷史中，這種文化是透過它的教官們的奉獻精神發展起來的。諸如謀殺委員會（負責徹底審查新教官的課程）、監督教官培訓與新策略制定的標準化委員會等傳統，致力於確保TOPGUN的教官們是菁英中的菁英，也確保這些教官所傳授的內容是最符合現況的。

TOPGUN的組成

TOPGUN目前的組成工作人員大約有35名教官，其中大多數是海軍或陸戰隊的上尉。這些教官都是雷達、飛彈系統、威脅性飛機專業及戰術等主題的專家（subject matter experts, SME）。他們在飛行及各自的專業領域都經過了嚴格的培訓。任何教官可以當上TOPGUN班隊訓員的飛行訓練對手之前，他們必須通過嚴格的教官受訓課程（Instructor under Training, IUT），取得在課程的各個階段進行「紅軍部隊」的教學與飛行訓練資格。

在教官們可以代表TOPGUN對基層飛行員或訓員發言之前，他們必須先經歷冗長的自我研究過程，進而研擬出專屬的課目，並最終在所有教官面前通過最後一關的謀殺委員會。謀殺委員會要求準教官以具備專家等級的專業，在不使用筆記與簡報的情況下，流暢地介紹個人研擬的課程內容。這項嚴格的IUT與謀殺委員會審查流程，再加上倘若有人無法達到TOPGUN標準，教官們會當面指出錯誤的風格，確保了TOPGUN自成立以來所一直維持著的卓越文化。

TOPSCOPE於1980年廢除時，其內容在很大程度上被納入了經過擴展的戰力投射課綱中。一年後，該課程刪除了幾個海上制空權的課目，並將它們併入艦隊制空權培訓巡迴課程（FAST）中，以支援基層的飛行部隊。

US Navy

F-4戰鬥機退役後，F-14成了海軍的主力戰鬥機。1980年代初期，大部分從TOPGUN結訓的海軍
學員都駕駛F-14戰鬥機，陸戰隊訓員則駕駛F-4幽靈II式。

Fotodynamics

1970年代後期，TOPGUN開始派
訓員前往托諾帕，與俘獲的米格
戰鬥機進行對戰訓練。這些米格
機隸屬於空軍高度機密的第4477
「紅鷹」中隊（4477 TES, Red
Eagles），他們有包括MiG-
17、MiG-21與MiG-23在內的蘇
聯戰鬥機。

USAF

A-4E天鷹式在整個1980年代，仍
然是TOPGUN主要的假想敵戰
機。然而，隨著物換星移，該機
後期已經無法具體模擬來自國外
的威脅。　　　　　　*Grove*

塗上迷彩塗裝的F-5E戰鬥機停在
米拉瑪航空站的機庫前。
Fotodynamics

TOPGUN將諾斯洛普公司的F-20虎鯊式戰鬥機視為F-5E的替代機型。F-20裝備有改良過的發動機，大大改善了飛機整體的性能，並配備了現代化航空電子設備，其中包括多模式APG-67雷達。

Grumman

蘇聯於1980年代推出了兩架第四代戰鬥機，導致TOPGUN重新評估該校針對使用全方位飛彈、高機動性戰鬥機的戰術。MiG-29支點戰鬥機（上圖）與Su-27側衛戰鬥機對美國的制空權造成了嚴峻的挑戰。

US Navy

美國空軍的F-15C戰鬥機是制空戰鬥機的顛峰之作。1980年代初期，TOPGUN開始與美國空軍武器學校的F-15戰鬥機小組進行交流計畫，選派一名鷹式戰鬥機駕駛員加入TOPGUN的教官組為期三年的交流。

Fotodynamics

最初，F-5戰鬥機的教官培訓是委由美國空軍進行，但後來由TOPGUN的教官接手過來自行培訓。 *Fotodynamics*

TOPGUN的教官花了數百個小時準備每一堂課，無論是內容或表達方法，都是精粹之作。教官們必須先經過嚴苛的謀殺委員會考核，然後才能代表TOPGUN發言。在謀殺委員會中，講者必須向教官組所有成員試教，再由各個教官投票同意或不同意新課程是否已經準備妥當。 *Baranek*

蘇聯空軍MiG-25戰鬥機飛行員維克多‧貝連科（Victor Belenko）於1976年從蘇聯叛逃，並多次參訪TOPGUN為教官們座談，以及與學員們會面。 *Baranek*

美國空軍的第一位F-15戰鬥機交換計畫教官是F-15C飛行員，麥克‧「蟒蛇」‧史特雷特（Mike "Boa" Straight，圖左），他與陸戰隊TOPGUN教官泰瑞‧「馬戲團」‧麥奎爾（Terry "Circus" McGuire）合影。史特雷特在技術上協助TOPGUN籌備單座F/A-18的到來。麥克唐納‧道格拉斯公司製造的鷹式與大黃蜂式都是單座載台，並且要求飛行員完成所有的雷達操作程序。 *Baranek*

除了交換教官外，TOPGUN經常與美國空軍武器學校的F-15飛行組討論戰術，並一起進行飛行演練。

Baranek

從1980年到1987年，A-4天鷹式與F-5虎II式是TOPGUN唯二的假想敵訓練用機。　　　　*Baranek*

三架採用了多種配色塗裝的F-5戰鬥機。TOPGUN開發了各種不同的迷彩塗裝，以使他們的假想敵戰機更難用肉眼被發現，並且更完美地展現出境外敵人所採用的塗裝。

Baranek

海軍於1980年代中期引進了F/A-18大黃蜂式戰鬥攻擊機，促使TOPGUN必須研發適合該戰鬥機的新課程與飛行訓練。即便是由相對缺乏經驗的飛行員操縱，大黃蜂式依然是很出色的戰機。 *Mersky*

TOPGUN的F-5戰鬥機到了1980年代中期已顯得老態龍鍾，接近服役年限的尾聲。美國海軍戰鬥機武器學校的F-5戰鬥機的疲勞程度位居全球之首。　*Baranek*

1985至1986年部署期間的一架陸戰隊第323戰鬥攻擊中隊（VMFA-323）的大黃蜂式，正伴飛蘇聯的Tu-16獾式轟炸機。大黃蜂式既是戰鬥機，也是攻擊載台。基於地中海實際的空中任務形態需求，TOPGUN將和平時期的伴飛任務納入了該校的教學課程中。　*NAM*

1970年代中期實施僅限教官組成的機砲競技小組（instructor-only guns detachment），每年前往尤馬或艾爾森羅（El Centro）一次。圖為於佛羅里達州基威斯特的競技結束後陳列的F-5，在機槍口附近可以看到有不少的火藥灰殘留。機砲競技在1980年代中期至末期後不再舉行。 *Baranek*

TOPGUN兩架漆成全黑色的F-5戰鬥機，以及配備了攝影機的里爾噴射機（Lear Jet），大部分《捍衛戰士》的電影拍攝工作中，它們都派上了用場。 *Baranek*

TOPGUN教官鮑勃・「老鼠」威拉德（Bob "Rat" Willard）、戴夫・「比奧」巴拉內克（Dave "Bio" Baranek）站在電影當中其中一架黑色的「MiG-28」戰鬥機旁留影。 *Baranek*

多虧了1986年的電影《捍衛戰士》，美國海軍武器學校成為家喻戶曉的名字，圖中
教官頭盔上的徽章，迅速贏得全球的知名度。　　　　　　　　　　　*Baranek*

儘管學校的名字被寫成Top Gun或TOPGUN，但官方認證的名稱是單一的英文名詞，
且所有字母都大寫的TOPGUN才是標準。　　　　　　　　　　　　*Baranek*

TOPGUN於1987年以新的F-16N
戰鬥機取代了F-5。流線外形、
機動性強的毒蛇戰鬥機配備了大
功率的發動機,並且拆除了機砲
與派龍架,使得整體重量變得極
輕。 *Baranek*

TOPGUN F-5戰鬥機(左)於
1987年9月退役。虎II式在服役的
13年間,為該校提供了令人滿意
的服務。 *Nickell*

一架第114「食蟻獸」戰鬥機中隊（VF-114, Aardvark）的F-14雄貓式（右後）與VFC-13中隊的A-4天鷹式在進行空中纏鬥訓練。　　　　*Verver*

TOPGUN經常派部分的飛機與教官到奈利斯空軍基地與美國空軍一起訓練。與空軍F-15組的教官不同,TOPGUN的教官只當訓員的假想敵(紅軍)對手,而空軍的教官則會與訓員一起組隊(藍軍)訓練。　　*Verver*

操縱得宜,F-5戰鬥機是可以正確模擬出MiG-23戰鬥機的飛行特性。由於沒有配備雷達,F-5需要依靠地面管制來進行攔截。　　*Baranek*

F-16教官們能透過不同的後燃器操作手法以及自我限縮的帶G轉彎(註)以有效地模擬MiG-17、MiG-21、MiG-23以及MiG-29的性能表現。Baranek　　　　　　　　　　　　　　　　　*Baranek*

到了1980年代末期,F-14戰鬥機仍然是艦隊戰鬥機中隊的主力,並主導著TOPGUN的空對空課程的大部分內容。　　*US Navy*

(註) 李文玉教官說明:Self-limited turning指的是「自限性操作」。由於文中各米格機的轉彎率與加速性能不同,模擬對抗時為求逼真,假想敵機會以調整推力以及帶桿G力(例如在低空不開後燃器只能帶5G turn模擬MiG-17;或在中空層以minimum AB與7G turn模擬MiG-21;又或者以fullpower但8G turn模擬MiG-29),讓訓員能體驗與之纏鬥的實際感受。國軍也用此方法擔任假想敵,這種操作有時也被稱為「罐頭敵機」(Canned Target)。

TOPGUN的F-5戰鬥機漆上黑色塗裝，扮演電影《捍衛戰士》中虛構的MiG-28戰鬥機。
Fotodynamics

一直到1994年初，空中纏鬥依然是TOPGUN課堂學科與飛行訓練的重點，當時空對地炸射課目重新列入教學大綱。圖為F-14與F-16N戰鬥機在進行空戰的畫面。 *Fotodynamics*

當TOPGUN於1975年重建了假想敵訓練以後，海軍因此設立了專門的假想敵中隊，其中包括駕駛F-5戰鬥機的第127「旋風」戰鬥機中隊（VF-127, Cyclons）。TOPGUN也因此在每一次的班隊開設假想敵教官課程。假想敵訓員通常在班隊課程第三週，即戰鬥攻擊機戰術教官課程（SFTI）訓員從近戰纏鬥基本攻防課程（BFM）結束之後才開始上課。空中攔截管制訓員也在這時加入班隊。

Fotodynamics

第五章

假想敵訓練的傑作機

A-4天鷹式攻擊機

　　TOPGUN的第一架假想敵戰機是麥克唐納・道格拉斯公司的A-4天鷹式攻擊機，特別是雙座的TA-4J。除了VF-121中隊所使用的F-4幽靈II式戰鬥機之外，TOPGUN並沒有其他屬於自己的戰鬥機，因此就從第126「土匪」戰鬥機中隊（VF-126，一個位於米拉瑪海軍航空站的儀器飛行訓練中隊）處借來了假想敵戰機。這種安排持續到1971年，直到TOPGUN獲得了少量的A-4E天鷹式。天鷹式被證明能出色地模擬在東南亞上空由北越空軍駕駛的MiG-17戰鬥機，它具有高度的機動性，即使在低速狀況也能完美地飛航。

　　TOPGUN於1972年成為獨立的指揮部之前，獲得了屬於自己的A-4E/F天鷹式。他們在沒有機翼派龍的情況下駕駛這些戰鬥機，同時也拆除了20公厘機砲，從而減輕了戰鬥機的重量與阻力，進一步提高了性能。雙座的天鷹式一般用於訓練TOPGUN的新教官，作為來訪貴賓的專機及協同雷達攔截教官的課程。TOPGUN一直到1990年代初都還使用著A-4天鷹式，直到1994年5月才讓它退役。TOPGUN最後使用的機型是A-4M，是在1992年到1993年初期向陸戰隊購買的。一架操縱得宜的A-4天鷹式，可以作為F-14與F/A-18的出色對手。

T-38A/B鷹爪式教練機

　　1973年10月，TOPGUN面臨了嚴重的挫折。除了一架天鷹式攻擊機外，其他所有的戰鬥機都被徵收，並交付給在1973年以阿贖罪日戰爭中蒙受重大損失的以色列。這導致學校只剩下一架戰鬥機可以教學，使得一些人擔心該校可能會因此關閉。指揮官郎諾・「拳師」・麥克農透過激進的手段，為TOPGUN促成了一筆交易，從而獲取了少量美國空軍所捨棄的T-38A/B鷹爪式教練機。超音速的鷹爪式教練機，證明是可以很可靠地模擬蘇聯製造的MiG-21魚床式戰鬥機，後者仍然是西方空軍在世界各地的主要對手。TOPGUN一直到1970年代末期都依然使用著T-38教練機。

F-5E/F虎II式戰鬥機

　　儘管鷹爪式教練機扮演了很好的MiG-21戰鬥機的替代品，TOPGUN需要更多的戰鬥機，並在1974年中開始尋找新的假想敵戰機。1974年末，諾斯洛普的F-5E/F虎II式戰鬥機送抵了TOPGUN。虎II式是一款有流線型機身、機動性高且具備高音速性能的戰鬥機，並且能夠模仿MiG-21戰鬥機。在1987年被F-16N戰鬥機取代以前，F-5E一直是TOPGUN的假想敵戰機。在電影《捍衛戰士》的拍攝過程中，F-5E/F被當作虛構的MiG-28，並被塗成黑色以使它們看起來更加邪惡。

F-16N毒蛇戰鬥機

　　為了能夠更完美地模擬第四代戰機的威脅，例如蘇聯的MiG-29支點戰鬥機與Su-27側衛戰鬥機，TOPGUN在1980年代開始尋找新的假想敵戰機，最終選擇了F-16N。它是一架混合了F-16不同構型而成的型號，結合了F-16C/D Block 30標準的小型進氣口、奇異電氣（General Electric）強力的F110-GE-100發動機，並配備了F-16A/B所使用的APG-66雷達。F-16N沒有配備機砲或自我保護用的干擾系統，也沒有機翼派龍，但裝備了雷達預警接收器與ALE-40干擾箔／熱誘餌彈發射器。

　　在TOPGUN被稱為「毒蛇」的F-16N，能夠以二馬赫以上速度飛行並進行9G機動飛行動作，成了該校教官們的最愛。它讓教官們能夠全面模擬美國機組人員所面臨的、來自空中的各種威脅。F-16N「毒蛇」可以同時用來模擬舊型的MiG-23戰鬥機與最新的MiG-29、Su-27戰鬥機。TOPGUN的首批F-16N於1987年抵達，他們同時也採購了雙座的TF-16N。F-16N一般在高階的訓練中使用，而A-4天鷹式則在最初的一對一BFM課目中上場。然而，

長時間的高G力飛行導致F-16N「毒蛇」的機尾出現應力裂解。TOPGUN最終被迫放棄「毒蛇」戰鬥機，許多人認為這對它的課程與機隊都是一大傷害。

F-14A雄貓式戰鬥機

1991年8月，TOPGUN獲得了第一批F-14A雄貓式戰鬥機。當時，雄貓式是艦隊的主力戰鬥機，大約百分之五十的班隊訓員都是使用這款戰鬥機的。雄貓式讓來自美國東岸、駐日第七艦隊的訓員能夠使用TOPGUN的戰鬥機，而不用把各自的飛機飛來西岸。它們也讓教官們能與學生一起進行所謂的「藍天」（blue air）飛行，這意味著教官並非作為假想敵，而是教學任務的一員與學生同乘飛行。此外，雄貓式戰鬥機讓教官在TOPGUN任職的同時，也能確保他們不會與部隊現況脫節。一些F-14也被用作假想敵戰機，但用同樣的機型當作雄貓式戰鬥機的假想敵，會產生「異機型空戰訓練」（DACT）上的問題。不幸的是，這裡的F-14是較為舊型的機型，需要經常進行維修。F-14戰鬥機的妥善率受到嚴重的打擊，而即便是那些能夠飛行的F-14，也常常缺乏正常運作的雷達。TOPGUN（以及後來的NSAWC）在21世紀的頭幾年，仍持續維持一小隊的F-14（大約6到7架）。一直到2003年，最後的F-14戰鬥機訓員，作為04-03班隊的一份子從該校結業以後，F-14雄貓式戰鬥機才於2006年從海軍退役。

F/A-18大黃蜂式戰鬥攻擊機

從1994年9月開始，TOPGUN獲得了少量的F/A-18大黃蜂式戰鬥攻擊機。該校最後擁有大約20架單座的F/A-18A及2架雙座的F/A-18B。這些大黃蜂式戰機是來自一個駐在勒慕爾海軍航空站、使用大黃蜂的中隊，該中隊當時正值換裝成新型的F/A-18C的時候。早期的大黃蜂式是較舊型的飛機，且在維修上常出現狀況，導致該機的妥善率問題一直困擾到21世紀。TOPGUN與後來的NSAWC到本世紀仍繼續使用F/A-18A/B，直到它們後來被更新型的F/A-18C/D所取代為止。NSAWC（今天NAWDC的前身）於本世紀的頭幾年獲得了許多F/A-18C/D，將它們用於假想敵與「藍天」的訓練飛行。與TOPGUN的大部分歷史一樣，它們手上許多都是較舊型的飛機，無法完整呈現部隊現實戰力的實況。

F-16A/B戰隼戰鬥機

2001年，TOPGUN取得了少量的F-16A/B戰鬥機，它們原定要飛往巴基斯坦，但因為政治原因訂單被取消。儘管不像F-16N毒蛇戰鬥機那麼的流線外形，F-16A/B卻帶回了自F-16N毒蛇戰鬥機退役以來，所一直缺乏、真正的異機種空戰訓練能力。F-16A/B戰鬥機至今仍在NAWDC中使用，該機構是現在負責督導TOPGUN的主體單位。NAWDC與TOPGUN目前正在評估新的替代假想敵戰機，包括新的F-16 Block 70。這個機型是根據現代化的F-16V構型，配備了APG-83 AESA雷達、新型數位化顯示器與航空電子設備及結構升級而成，從而使飛機的使用壽命與過去的F-16相比，延長了50%以上。

F/A-18E/F超級大黃蜂式戰鬥攻擊機

NSAWC於2008年取得了首批超級大黃蜂式戰鬥攻擊機，可同時被TOPGUN（N7）及聯隊訓練／攻擊（N5）兩個單位使用。TOPGUN目前擁有一支由單座的F/A-18E，及雙座的F/A-18F超級大黃蜂所組成的機隊。機隊中大多數是早期型的飛機，並無最新批次的Block II機型。超級大黃蜂戰機用於「藍天」飛行、假想敵訓練、教官訓練以及戰術評估與發展（tactics evaluation and development, TE&D）的飛行任務。

迷彩與標誌

迷彩塗裝自1970年代中期開始使用，以讓假想敵戰機在纏鬥的過程中更難以肉眼的方式被發現。多年來，TOPGUN一直針對不同的迷彩圖案進行實驗，但大多數是棕色、藍色與沙漠色的多色／三色混搭。1990年代，一架F-14戰鬥機與一架F/A-18戰鬥機被塗成全黑色。迷彩使得原本機身不大的A-4及F-5戰鬥機，在地面或沙漠很難被看清，並在後來（1994年後）還幫助訓員學習如何區分（課程中的）友軍與假想敵戰機。

駐在米拉瑪海軍航空站時，TOPGUN飛機上的標誌相當簡單，主要是在機頭或尾翼上（或兩者）有諾大的編號標示，並在尾翼上有TOPGUN的校徽。當TOPGUN搬遷到法倫，並成為NSAWC麾下的一個分支時，這些轉為隸屬於NSAWC的戰鬥機被給予了新的尾翼塗裝——在閃電上壓了一個小小的TOPGUN徽章——前者是海軍打擊作戰中心的代表標誌。

F-14戰鬥機（前）與F/A-18戰鬥攻擊機，聯手成為海軍1990年代的戰鬥機部隊組合。TOPGUN經常傳授混合小隊戰術，讓每架飛機都可以利用各自雷達的優勢。由於美國空軍的F-15有過與F-16合作的經驗，因此空軍的交換計畫教官於1980年代協助引入混合小隊的成果。 *US Navy*

A-4天鷹式一直到1990年代初，仍然是極為強大的假想敵戰機。有些A-4可以看得出來是來自陸戰隊的飛機，突現了陸戰隊對TOPGUN的貢獻。一般會有4至5位陸戰隊官兵擔任TOPGUN的教職人員，其中至少包括一名空中攔截管制的教官。 *Fotodynamics*

塗上各種TOPGUN特有迷彩塗裝的A-4F攻擊機，攝於1992年4月至5月間。
Verver

TOPGUN於1991年8月獲得了三架F-14A戰鬥機，並最終維持著4至6架雄貓式的服役。他們最終於2003年秋天在TOPGUN/NSAWC結束了它們的歲月。

Fotodynamics

三架TOPGUN的假想敵戰機與一架來自VFC-13中隊的F/A-18A大黃蜂式（註：左起A-4、F-16、F/A-18、F-14）。VFC-12及VFC-13中隊承擔了TOPGUN在1993年後大部分的假想敵任務。

Denneny

漆上TOPGUN淺藍色迷彩塗裝的F-14（前）與F/A-18，教官專用機會擔任紅軍（假想敵）或籃軍（友軍）的工作。與訓員一起在藍軍中飛行，為教官們提供了額外的培訓機會，並讓他們能夠更好地示範簡報、任務執行與任務歸詢的正確做法。

Twomey

F-14A戰鬥機向左急轉，展現出其繽紛的藍色
三色迷彩塗裝。　　　　　　　　　*Twomey*

TOPGUN在1987年短暫地讓A-4、F-5與F-16N戰鬥機共同執行任務,直到教官們獲得操縱毒蛇戰鬥機的認證,並且有足夠數量的F-16N供該校使用為止。
Mersky

沙漠風暴行動主要是美國空軍擔綱的空中作戰。海軍在空對空交戰中只扮演了有限的角色,主要是制敵防空,並為地面部隊提供支援。
USAF

在1995年實施戰鬥攻擊機戰術教官課程（SFTI）之前，TOPGUN的訓員會連同所屬中隊的兩架飛機與地勤人員一起來到該校，並在完成課程後再開飛機返回各自的中隊。大部分（但並非全部）的訓業學員將轉為擔任中隊的訓練官。

Llinares

TOPGUN於1990年代初期從陸戰
隊獲得A-4M，並於1994年5月將
它們退役。
（上圖）*Fotodynamics*
（下圖）*Grove*

機體疲勞的問題最終迫使TOPGUN於1995年讓F-16N戰鬥機退役。毒蛇戰鬥機的損失對TOPGUN令人稱慕的地位，以及該校模擬蘇聯第四代戰鬥機威脅的能力造成沉重的打擊。 *Mersky*

TOPGUN於1996年中期遷至法倫海軍航空站，並成為海軍打擊與空戰中心（NSAWC）的其中一個分支。該校新的尾翼標誌結合了TOPGUN的徽章與Strike的招牌閃電標誌。 *Fotodynamics*

與NSAWC的所有教官一樣，TOPGUN的教官在併入NSAWC後必須配戴新單位的臂章。 *Author*

（上圖與左下圖）有些F-16N戰鬥機的迷彩塗裝非常特殊，就像圖中這兩架陸戰隊的毒蛇戰鬥機。

（上圖）Fotodynamics；（左下圖）Mersky

1992年，TOPGUN遷入米拉瑪海軍航空站內的新大樓（圖中正在施工中的建築），1996年搬遷至法倫後，該建築移交給了陸戰隊。

Denneny

法倫海軍航空站的新設施以1992年的建築為藍本設計。圖為一架NSAWC的F/A-18大黃蜂飛越
TOPGUN目前所在的法倫機隊訓練大樓（fleet training building, FTB）。 *Fotodynamics*

VFC-13中隊遷移至法倫，並為在艦隊戰鬥機空戰準備計畫（Fleet Fighter
Air Combat Readiness Program, FFARP）、戰鬥攻擊機進階準備計畫
（SFARP）中的TOPGUN、攻擊機聯隊與基層中隊提供假想敵訓練支援。
Fotodynamics

一列位於法倫的NSAWC所屬的雄貓式戰鬥機。NSAWC於2015年改名為
海軍航空作戰發展中心（NAWDC）。 *Fotodynamics*

2000年代初期，F-14戰鬥機仍被用作部分訓員飛行訓練的假想敵。圖為兩架互相對峙的雄貓式戰機。

Fotodynamics

TOPGUN的F-14A戰鬥機是較舊機型的飛機，容易出現維護問題，導致許多飛行任務被取消。
Grove

具備空對地攻擊能力的「轟炸貓」（Bombcat），使得雄貓式戰鬥機獲得了新生命。 *US Navy*

訓員對於「戰鬥攻擊機武器與戰術」（SFWT）培訓課綱的遵循，分別由東西兩岸武器學校的戰鬥攻擊機戰術教官課程（SFTI）負責節制。圖為太平洋（左）與大西洋戰鬥機武器學校的臂章。武器學校的SFTI藉由SFWT的課綱，針對各中隊的機組人員進行飛行測考，讓機組人員獲得聯隊、小隊隊長與分隊隊長的飛行資格。他們也為各中隊提供講習，並在他們部署前準備時為他們執行戰鬥攻擊機進階準備計畫（Strike Fighter Advanced Readiness Progra，SFARP）。

Author

2003年，NSAWC獲得了約14架原定要提供給巴基斯坦，但被取消訂單的F-16A/B戰鬥機。F-16大大增強了TOPGUN模擬出機組人員所面臨的最新威脅的能力。
Hunter

TOPGUN從1998年到2003年開設了兩個獨立的課程。為期五週專供陸戰隊的課程，及一個為期十週的海軍專門課程。
Fotodynamics

第一批F/A-18F超級大黃蜂式的機組人員05-01班隊報到。第一架超級大黃蜂於2008年抵達法倫海軍航空站。　　　*Hunter*

F-14戰鬥機駕駛與後座RIO教官，在為新型的雙座F/A-18F超級大黃蜂式機制定早期的組員協作綱要建議，扮演了重要的角色。

Fotodynamics

第12「戰鬥奧馬斯」戰鬥機中隊（VFC-12, Fighting Omars），飛離奧西安納基地，為東岸的戰鬥機中隊的SFARP培訓提供初期的聯隊組訓任務。

US Navy

持久自由行動（阿富汗）與伊拉
克自由行動（伊拉克）幾乎完全
是空對地的作戰型態。因
此，TOPGUN致力於納入更多典
型艦隊所需任務形態的訓練到其
教學大綱。　　　　　*US Navy*

一排在法倫基地、NSAWC所屬
的F/A-18大黃蜂正在作任務前準
備。　　　　　*Neil Pearson*

F-14戰鬥機的最後一批訓員於2003年的04-03班隊結訓。該班隊的結訓訓員被派到東岸的戰鬥攻擊機武器學校（Strike Fighter Weapons School Atlantic, SFWSL）。他們成為最後一批雄貓戰鬥機的中隊訓練官。

US Navy

F-14戰鬥機最終於2006年從美國海軍退役，結束了其在美國軍隊漫長的服役歲月。　*US Navy*

TOPGUN在本世紀頭幾年的短暫時間內，同時使用了F-16A/B、F-14A及F/A-18大黃蜂等戰機。　*Fotodynamics*

兩架NSAWC的F-16戰機在沙漠上空組成編隊飛行。F-16A/B證明在模擬現行外國戰機的威脅上極有價值。然而，TOPGUN與NAWDC正在努力籌獲新一代的假想敵戰機，尤其希望能獲得F-16V。他們自2002年就取得了F-16，這些戰鬥機都進行過現代化升級，以便能持續飛行。

Fotodynamics

TOPGUN與美國空軍的F-22中隊協訓，讓他們的教官與訓員了解第五代戰鬥機的威脅。該校也與EA-18G咆哮者中隊一起協訓電子戰。少數的TOPGUN教官還與美國空軍的F-22戰鬥機一起飛行，提供了與TOPGUN直接交流的機會。 *US Navy*

即使有了F-16，F/A-18大黃蜂與超級大黃蜂式戰機仍然是NSAWC／NAWDC的主要機型。目前，在艦載機聯隊的四個戰術中隊中，至少有三個中隊是使用超級大黃蜂。通常，一個艦載機聯隊有三個F/A-18C或F/A-18E的中隊，以及一個雙座的F/A-18F中隊組成。海軍於2019年讓最後一架大黃蜂退役，並將在不久的將來部署新的F-35C戰鬥機。陸戰隊的大黃蜂中隊將持續部署到艦載機聯隊中，直到它們完全換裝成F-35C戰鬥機。

Fotodynamics

一架NSAWC的F-14（前）與F-16及F/A-18戰鬥機一起飛行。 *Fotodynamics*

一架海洋迷彩塗裝的F/A-18C（前）與訓員駕駛的F/A-18F。TOPGUN使用分區組合法來教授高階空戰戰術，並在每個課程開始時，進行為期一週的近戰纏鬥基本攻防（BFM）訓練，以磨練訓員的戰技。接著，再進入空對地、小隊與分隊的課程階段，每個階段都以先前的課程為基礎，再作進階訓練。

Fotodynamics

海洋藍三色迷彩的F-16A戰鬥機正在NSAWC進行任務前準備。 *Author*

F/A-18E/F Block II超級大黃蜂式推出了聯合頭盔瞄準系統（Joint Helmet Mounted Cueing System, JHMCS），該系統可與具備高離軸（High Off-Boresight, HOBS）攻擊能力的AIM-9X響尾蛇飛彈結合，以及各種目標標定感測器配合使用。　*Hunter and US Navy*

四架NSAWC的F-16戰鬥機，下
圖顯示它們正在作小角度右轉動
作。 *Fotodynamics*

駐在基威斯特基地的第111「落日」戰鬥機混合中隊（VFC-111, Sundowners），負責為東岸的艦載機中隊提供近戰纏鬥基本攻防（ＢＦＭ）輪訓，以及為TOPGUN訓員提供假想敵演練支援。
Fotodynamics

TOPGUN訓員正在F/A-18C戰鬥機上作起飛前系統檢查。
US Navy

TOPGUN籌獲了一台F-16的飛行模擬器，因此自2008至2009年開始自行完成執飛F-16A教官的培訓。　　　　　*Author*

NSAWC一架海洋多色迷彩的F/A-18戰鬥機。

Fotodynamics

兩架超級大黃蜂式戰鬥機操演期間，高速穿越法倫的山谷。

Hunter

其他群體也在各自的武器學校中採用了TOPGUN的
武器與戰術教官（WTI）的模式。P-3獵戶座式海上
巡邏機群體仿照TOPGUN，在佛羅里達州的傑克遜
維爾海軍航空站（NAS Jacksonville），開辦了一所
以海上作戰為訓練目的武器學校。　　　　　*Author*

在戰鬥攻擊機戰術教官課程
（SFTI）之下，結業訓員在
TOPGUN、艦隊人員補充中隊、
武器學校或測評中隊進行為期三
年的輪調，然後返回基層中隊擔
任中隊訓練官。　*Llinares*

海軍的戰術空權概念在阿富汗戰
爭期間的2001年到2010年代的
空中作戰中扮演了重要角色，從
中汲取的教訓也被納入SFTI的課
程當中。
　US Navy

自2006年以來，F/A-18E/F超級大黃蜂式一直是海軍主要的非戰略型戰鬥機，這使得TOPGUN可以專注於該型機與大黃蜂式的戰術研究。 *Llinares*

俄製Su-27戰鬥機的衍生機型，Su-35「側衛-E」於2008年首次出現。作為俄羅斯手中最強大
的戰鬥機，它重新設計了駕駛艙和武器控制系統，並使用推力向量發動機代替前控制翼。

Mladenov

法倫海軍航空站內，一名教官正
為當天的任務作行前準備。
Hunter

參加TOPGUN SFTI課程的訓員，
都會由勒慕爾（西岸）與奧西安
納（東岸）的戰鬥攻擊機聯隊提
供海軍現役的飛機作為他們的座
機。這減輕了過去戰力投射課程
年代，每個中隊必須派出兩架飛
機與地勤人員前來支援所屬中隊
機組人員的要求。 *Llinares*

塗上淺藍色迷彩塗裝、隸屬NSAWC的F-16A戰鬥機，顯現出鮮明的機身側面身影。 *Hunter*

法倫基地的機隊訓練大樓是TOPGUN教官每天在此工作的地方。走廊上掛滿了所有班隊的結業照，米拉瑪時代新TOPGUN大樓中的原始紀念牌區也掛在這裡。 *NSAWC*

法蘭克‧奧爾特禮堂（2007年命名），是TOPGUN舉行開班典禮與結業典禮，以及各種有關米格戰鬥機殺手講座的所在場地。 *NSAWC*

TOPGUN SFTI課程的第一階段是近戰纏鬥基本攻防（BFM），向學員傳授如何最佳地運用他們駕駛的飛機對抗單一敵機。一對一的BFM任務簡報一般需要大約一個小時，飛行訓練需要大約0.5至0.8小時，而任務歸詢則需要大約兩小時。

Hunter

雙座的F-16B戰鬥機為武器系統官（weapons system officer, WSO，以前稱為RIO）提供了對訓員進行任務訓練的機會。　　*Hunter*

前TOPGUN教官大衛・「奇普」・伯克（David "Chip" Berke）不僅與美國空軍的F-22戰鬥機一起飛行，還在艾格林空軍基地（Eglin AFB）指揮了第一支成立的F-35戰鬥機訓練中隊——陸戰隊第501攻擊訓練「軍閥」中隊（VMFAT-501, Warlords）。伯克的團隊中有幾名TOPGUN校友，他們致力於開發F-35的初始戰術，並將這些資訊回傳給TOPGUN，以及海軍最早的F-35C艦隊補充中隊——第101打擊戰鬥機「死神」中隊（VFA-101, Grim Reapers）。　　*US Navy*

TOPGUN自2014年開始，藉由與VMFAT-501、VFA-101中隊一系列的測評合作，開始將F-35戰鬥機整合到海軍艦載機聯隊當中，並一直持續到今天。　　*US Navy*

超級大黃蜂在空對空、空對地任務方面表現出色，並承接了F-14雄貓式的許多任務，包括航空前進空中管制（Forward Air Control–Airborne, FAC-A）與偵察。　　*Hunter*

F-16A/B戰鬥機持續作為模擬大部分國外戰機的平台。

Hunter

到了2006年，航空母艦上的所有戰鬥機都是F/A-18A/B/C/D大黃蜂或F/A-18E/F超級大黃蜂的天下。由於所有的中隊都使用同型戰機，這使得TOPGUN的戰術設計變得更為容易。　*US Navy*

NSAWC的F-16A/B戰鬥機支援了TOPGUN的課程與聯隊的所有任務。有時，TOPGUN的教官還會充當駐法倫聯隊的紅軍假想敵部隊。　　　　　　　　　*US Navy*

在SFTI教學大綱的小隊訓練階段，TOPGUN致力於向訓員傳授小隊戰術技巧。主要是教導他們如何在雙機編隊中使用F/A-18。
Fotodynamics

TOPGUN的教官有時會與美國空軍的F-22「猛禽式」戰鬥機一起飛行，以制定針對第五代戰鬥機的戰術。
US Navy

TOPGUN教官駕駛F-16A戰鬥機充當紅軍部隊，為學員提供逼真的假想敵再現環境。
Hunter

五架不同型號的F/A-18在法倫基地大坪等待起飛，以支援NSAWC的任務。
US Navy

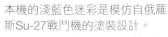

海軍少校麥可・「M.O.B.」・特雷梅（Michael "M.O.B." Tremel）是02-11班隊的校友，還曾是TOPGUN的教官。他使用AIM-120先進中程空對空飛彈（AMRAAM）在敘利亞上空擊落了Su-22戰鬥機，創下了超級大黃蜂戰機的第一個敵機擊殺紀錄。

US Navy

一架塗上沙漠迷彩的F-16A戰鬥機與灰色低視度的海軍及陸戰隊機隊並排，等待起飛以執行TOPGUN的任務。　　　　　　　　*Hunter*

NSAWC的F/A-18F與F-16B戰鬥機飛越法倫基地的訓練場，攝於2016年。　　　　　　　　*Hunter*

兩架F/A-18正在釋放熱誘餌彈，攝於法倫基地。　　　　　　　　　　　　　　　　　*Fotodynamics*

第一批F-35C訓員從2020年1月開始參加SFTI的02-20班隊。TOPGUN團隊裡目前有7名專責的F-35C教官。

US Navy

越戰時代的A-4天鷹式是一架三角翼、單渦輪噴射發動機的次音速戰機，時速約為每小時690哩。
Mersky

隸屬NFWS的F/A-18A大黃蜂，於1990年代的訓練任務中飛行。
US Navy

海軍與陸戰隊獲得了少量的以色列航空工業（IAI）的幼獅戰鬥機（Kfir），它是根據法國達梭公司幻象5戰機設計，最高航速可達2馬赫的戰鬥機。海軍在1985年至1989年間利用這些戰鬥機，與奧西安納基地的VF-43中隊一起訓練，模擬MiG-23戰鬥機的性能。陸戰隊則是用它們與VMFA-401中隊一起操演。　*Mersky*

大約攝於1991年，TOPGUN所使用的假想敵戰機，分別是兩架F-16N與兩架A-4。　*Verver*

駐在中國湖海軍航空武器站的第9「吸血鬼」測評中隊（VX-9, The Vampires），是TOPGUN SFTI結業訓員的五個分發目的地之一。

Shemley

一排F-16戰鬥機在法倫基地準備執行夜航任務。

Fotodynamics

一架F/A-18B於1990年代所使用的特殊黑色塗裝配色。

Fotodynamics

A-4M是TOPGUN所使用的最後一款天鷹式。

Fotodynamics

以上是TOPGUN的F/A-18所採用的各種迷彩塗裝。　*Fotodynamics*

三架塗上各色迷彩的假想敵
戰機，它們分別是：NSAWC
的F/A-18A、VMFT-401中隊
的F-5E與VFC-13中隊的F-5E
（由上到下）。

Fotodynamics

一架使用虎斑迷彩、第13「聖
徒」戰鬥機混合中隊（VFC-13,
Saints）的F-5E戰機的特寫照。
「聖徒」中隊支援NSWDC的
TOPGUN及STRIKE培訓，並為西
岸的戰鬥機中隊提供戰鬥攻擊機
進階準備計畫的支援。
Fotodynamics

TOPGUN於1980年代中期至
1990年代中期的不同時期傳授夜
戰戰術，爾後在2003年至2006
年間再次恢復類似課程。
Llinares

VFC-13目前使用F-5E/F戰鬥機,並透過運用多種迷彩塗裝,使得原本就顯得嬌小的F-5戰鬥機更難以肉眼捕捉得到。　　　　*Ramos*

TOPGUN目前所使用的假想敵戰機,F-16B戰隼式與F/A-18大黃蜂式戰機。　　*Ramos*

兩架F-5戰鬥機，它們分別是VFC-13中隊的雙座F-5F（前）與VFC-111中隊的F-5E（後）。

Fotodynamics

NAWDC與TOPGUN持續使用有創意的迷彩來模擬國外那些對美軍有威脅性的戰鬥機模樣。
Fotodynamics

F-14戰鬥機從1972年到1990年代初,一直是海軍的第一線戰鬥機。當它擔任起空對地炸射任務以後,與F/A-18大黃蜂式共同成為對地打擊與空戰兼顧的機型。
US Navy

諾斯洛普的F-5E/F是輕型的日間戰鬥機,並被證明可以近乎完美地模擬蘇製的MiG-21戰鬥機。它於1974年中至1987年9月在TOPGUN登場。
Mersky

TOPGUN的SFTI訓員在沿海地區（奧西安納、米拉瑪、基威斯特或博福特基地）進行為期一週的
BFM輪訓課程，然後在法倫基地學習小隊與分隊戰術。

Fotodynamics

F-14戰鬥機的性能被證明是比它所取代的F-4幽靈II式來得優秀，它在迴旋、加速及低速操作方面，均勝過F-4戰鬥機。

Fotodynamics

駐奧西安納基地的VF-43，被指定為假想敵中隊，並為大西洋艦隊的戰鬥機中隊提供支援。他們使用的是A-4F/J與TA-4F/J、T-38A、F-16N與F-21A幼獅。

Mersky

一架F-16N戰鬥機在米拉瑪基地的停機線上，這時另一架F-14正要降落。

National Archives

教官喜歡駕駛F-16N戰鬥機。有些飛行員會在一天之內分別駕駛毒蛇、天鷹與大黃蜂或雄貓式戰鬥機，他們往往被旁人戲稱這是「帽子戲法」飛行法。

Mersky

（註：帽子戲法（hat trick）原為體育用語，意指同一名飛行員在一天之內駕駛多架飛機上空之意。）

黑色塗裝、TOPGUN標誌的F/A-18B大黃蜂式戰鬥攻擊機，大約在1994年至1996年所攝。

Twomey

派拉蒙將一些F-5戰鬥機漆成黑色，讓電影裡虛構的「MiG-28」戰鬥機顯得更加邪惡。圖為一架模仿該配色的真實VFC-13中隊的F-5。

Ramos

三色藍色迷彩的F-16N戰鬥機，是模擬Su-27側衛戰鬥機的平台。

Fotodynamics

儘管與T-38A教練機相似，F-5E戰鬥機經過了很大的改良，被認為是易於操作與維修的傑作機。

Mersky

這架T-38B教練機是指揮官郎諾·「拳師」·麥克農於1973年秋天所獲得的飛機之一。當時，TOPGUN的天鷹式轉讓給了以色列。

Fotodynamics

上圖顯示VF-126中隊所使用的假想敵戰機。由上而下：F-16N毒蛇、F-5E虎II式、A-4、TA-4天鷹式及T-2七葉樹式教練機。 *National Archives*

一架F/A-18C（右）與一架F-35C一起飛行，為後者引入艦隊之前協助制定戰術建議。早期的戰術建議大部分是由TOPGUN的SFTI所研發，他們當時被分派至VFA-101中隊。「死神」中隊解散後，勒穆爾基地的第VFA-125「狂暴突擊者」攻擊戰鬥機中隊（VFA-125, Rough Raiders）成為海軍唯一的F-35C艦隊補充中隊。

US Navy

海軍陸戰隊底下有一支假想敵中隊,第401「神射手」戰鬥機訓練中隊(VMFT-401, Sharpshooters),他們駕駛的是F-5E/F戰鬥機。神射手中隊駐在尤馬基地,協助陸戰隊航空武器與戰術第一中隊(Marine Aviation Weapons and Tactics Squadron One, MAWTS-1)舉辦每半年一次的武器與戰術教官課程。神射手中隊也協助培訓被分派至VMFAT-101中隊(海軍大黃蜂式戰鬥攻擊機艦隊補充中隊)的新進F/A-18飛行員。

Fotodynamics

圖中戰鬥機使用與別不同的塗裝配色,使得機翼看起變小了許多。

Twomey

停在停機坪上的六架天鷹式,展現VF-126中隊所採用的不同配色塗裝。

Fotodynamics

航空電子攻擊武器學校(Airborne Electronic Attack Weapons School, HAVOC)於2011年成立,該校在制定「咆哮者式」戰術教官(Growler Tactics Instructor, GTI)課程時,大量借鑒了TOPGUN的SFTI課程大綱。

Hunter

兩架正在共同執行任務的F/A-18C與F/A-18D，這是TOPGUN的SFTI課程的一部分。　　*Fotodynamics*

TOPGUN在2002年到2003年間，使用F-14A/B、F/A-18A-D與F-16A/B。
Fotodynamics

隸屬TOPGUN的F-14A、F/A-18A、F-16N與A-4M戰機的俯視圖。
Twomey

正如1968年的《奧爾特報告》所指出，成功的關鍵在於「駕駛艙裡的人」。TOPGUN五十多年來一直恪守此一座右銘。

US Navy